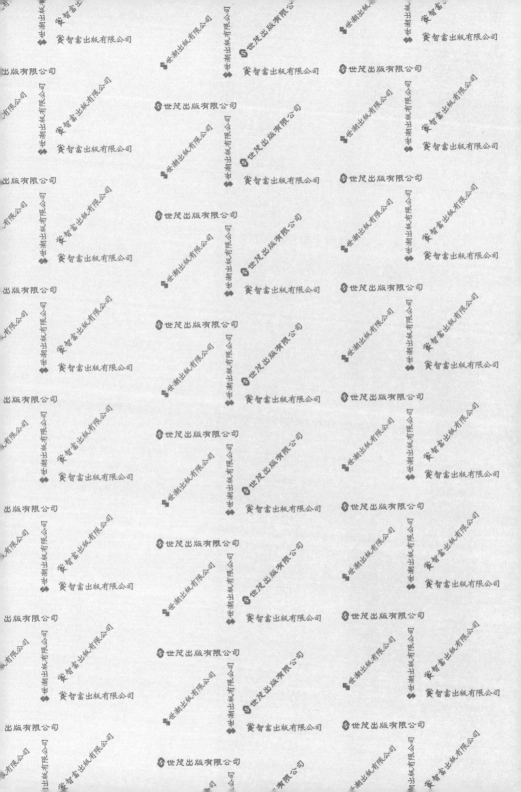

100個不可不知的

狗問題

自序

　　我也是從什麼都不懂開始的。

　　當年念高中的時候，整天除了唸書就是考試，生活悶得很，高二剛開始的時候，三叔叔帶回了一隻瑪爾濟斯小狗，小小的白白的毛茸茸的小狗狗，輕易地贏得我的歡心，於是聽到問說誰要照顧牠，我就搶著應聲，從那一刻起，皮皮就成為我名下的寵物，而我必須為牠負起完全的責任。

　　第一次養狗，啥都不知道，到圖書館借了些養狗須知之類的書回來抱佛腳，才大略了解怎麼照顧狗狗的吃喝拉撒。

　　半年後皮皮出了意外，一大清早找不到醫師，焦急煎熬時忍不住要想：「要是我懂得怎樣幫狗狗看病，就可以幫牠治療、幫牠減輕病痛，牠也不用這麼受罪了。」

　　就這樣去念了台大獸醫系。

　　從畢業開始臨床工作，到如今又過了好幾年（至於是幾年，為了不要暴露年齡的秘密我就不告訴你了），養狗養貓沒中斷過，每天觀察牠們的各種動作，猜測牠們說不出口的心思，是我看病開刀之餘最大的樂趣。而為了知道更多關於狗狗貓貓的事，買相關的書籍來看更成了我另一個嗜好。

　　很幸運地，我碰到很多優秀的工作夥伴：心美、秀燕、九如、端亭，從她們那裡知道了不少的資訊，更幸運的是，因緣際會，能與楊姮稜醫師、莊瑩珍老師一起從事「狗狗親子教室」

的教育課程，累積了更多關於狗狗行為方面的知識，也養出一隻目前學會四十多項指令的好狗狗阿松。

於是在佩賢的邀稿下出了這本書，不敢說是專家權威，書中有些在犬行為學界尚未有定論或只在觀測階段的部分，甚至放上了不確定記號，以免不必要的誤會，這本書只是把我知道的寫出來，跟大家分享，相信主人知道的越多，狗狗就能越幸福；人狗之間的默契越好，就越能享受一起生活的快樂。

感謝老爸，沒有你就沒有我。

獻給小紅，我很想你，你在哪裡？
獻給阿松，你是最棒的乖寶貝。
獻給皮皮，算你厲害，老狗也能學會新把戲。
獻給所有，幸福或是待救援的狗狗。

林長青

戴上所羅門王的指環

人類自始至終對於動物行為都存有很高的興趣，一開始可能是因為狩獵者與獵物之間的關係，有時人們是狩獵者，有時則成為獵物。之後在人類嘗試馴養動物時，如何深入且廣泛的瞭解動物行為以獲得操弄與控制動物行為的能力，就成了人類的重要課題。近代因為經濟快速發展，社會結構變遷，人與人之間的疏離，使得伴侶動物(companion animal)在人們社會中所扮演的角色日益重要，於是伴侶動物的行為表現乃至於行為問題就成了飼主或社會大眾關心的議題，也是獸醫師或從事動物相關工作人士應該熟悉的領域。

狗狗的行為表現與行為問題常常是養狗主人茶餘飯後的話題，如為什麼狗狗會搖尾巴表示開心？為什麼狗狗喜歡追郵差？為什麼狗狗喜歡在車子的輪胎上或是電線桿上尿尿？為什麼狗狗聽到打雷就嚇得全身發抖、四處逃竄？是牠天生就會？還是身為主人的我們教出來的？探討犬隻行為表現與行為問題就如同其他生理系統的研究一樣，首先必須要對於行為本身與行為問題的發生原因進行瞭解。綜觀學者對於影響行為表現與

行為問題的論點主要有二，一是先天的原因，也就是基因遺傳因子的影響，例如狗狗天生就是會搖尾巴、汪汪叫等，這種論點是近年來生物學家、動物行為諮商師與獸醫行為專科醫師較為推崇與重視的理論，更有許多研究者正努力尋找出攻擊基因、焦慮基因或是恐懼基因等遺傳因子，並比較這些基因與其他生理功能之關係。第二種論點即認為犬隻的行為問題是因環境所導致，尤其認為畜主應要負擔極大的責任，這是在早期心理學家、社會科學家與動物訓練師所信仰與強調的，所以在美國的動物訓練界曾流行一句話：沒有「有問題的狗」，只有「有問題的主人」(There are no problematic dogs, but problematic owners.)。除了遺傳與環境的影響之外，目前較缺乏研究驗證的部分是兩者的交互作用在犬隻行為與行為問題發生的角色為何。例如，追逐行為雖然容易在某些品種如牧羊犬的犬隻身上發生，但是透過畜主適當的教育與校正，仍然可能因此而使特定犬隻的追逐行為有所抑制或是改善。相反的，若是給予不當的強化刺激，即使是一隻和善的狗狗，也可能會變成咬人的惡犬。

預防甚於治療，這句名言在行為醫學領域中堪稱是「黃金定律」，在筆者從事小動物行為醫學研究與臨床工作近十年經驗中

更是深刻地領會，於是在包括林長青醫師在內幾位有志於犬隻行為教育的專業人士的支持下，台大動物醫院「狗狗親子教室」得以成立，積極從事協助飼主進行狗狗行為教育的工作，以促進飼主與狗狗間的連結關係（owner-dog bond），並達成預防行為問題發生的目的。在工作人員近兩年的密切合作下，經由飼主與狗狗的反應，我們深覺成效良好，可惜的是廣度有限，唯有再透過其他方式來加強狗狗行為知識的推廣。林長青醫師在因緣際會下克服了沉重的工作壓力，運用她深入而細緻的觀察力，配合活潑生動的筆觸，寫下了一本值得所有對狗狗有興趣或不了解的朋友閱讀收藏的狗狗行為書籍。林醫師以常見的狗狗行為100問的方式來編寫這本行為書籍，在問題後面林醫師還細心地把問題原因加以分類，如情緒、社會位階、生理等，以方便讀者瞭解歸類。內容中遇到與行為問題或是管教有關的議題時，林醫師也將狗狗親子教室使用的行為教育與校正方法巨細靡遺地描述出來，以提供有相關問題煩惱的飼主參考使用，這是本書實用之處。此外，在本書中不論是已確知答案的問題描述，或是尚未有定論的見解，林醫師用字遣詞均持謹慎以避免誤導讀者認知的態度，充分顯現出一位臨床獸醫師接受過嚴格邏輯思維訓練的結果。

傳說中古時候有位所羅門王擁有一枚神奇的指環，每當他帶上這個指環時就具有與萬獸溝通的能力，羨煞許多人。現代也有狗語翻譯機的發明，目的不外乎想幫助飼主多瞭解家中狗寶貝的想法，但狗狗的行為語言要更複雜多了，不僅只於聲音的表達。其實想要具有與狗狗溝通能力不是不可能，本書就像是讀者手中的一枚神奇指環，當各位讀完它時，您不也等於是戴上了所羅門王指環的嗎！

楊姮稜

前國立台灣大學生農學院附設動物醫院
內科暨住院室、急診加護中心主任
國立嘉義大學獸醫學系助理教授
台灣動物與社會發展協會理事長

contents

chapter ① 情感連結

chapter ② 狗族天性

contents

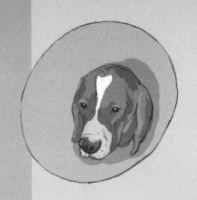

chapter 3 生活習慣

chapter 4 溝通服從

contents

chapter 5 防禦本能

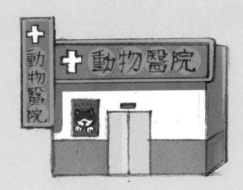

chapter 6 健康訊息

chapter 1
感情連結

01

為什麼狗狗會成為人類的好朋友？

不知道養狗狗的主人有沒有想過這個有趣的問題：在地球上有那麼多種的生物，為什麼偏偏是狗跟人發展出最親密的情感關係？

其實一開始人類是跟狗狗的祖先──狼，開始往來。因為人跟狼都是社群性動物，喜歡群體生活，分工合作，讓個體生存及繁衍後代的成功機會大一些。因此當人遇見狼之後，能接納對方，把對方當成是「一國的」，可以一起過日子。

慢慢地，人類開始挑選狼的特質，例如說：甲狼和乙狼，跟人比較好，於是排除比較孤僻的丙狼，而讓甲乙交配繁殖，這樣生出來的小狼就更有機會和人更親密。於是，在數百年以後，可怕的狼慢慢地被馴化，成了人類最忠實的好朋友──狗。

而人類依據同樣的人擇培育手法，又把狗培育出各式各樣、大不相同的品種，例如把小個的配小個的，慢慢的就越來越小隻。所以同樣都是狗，都是狼的後代，卻讓現在的吉娃娃，還沒有大丹犬的一顆頭大。但雖然外型差異那麼大，牠們本質都還是一樣的。

社群性動物還有一個特色，就是位階觀

念，這在群體生活中是必須的。而因為狗狗天生具有位階的觀念，因此只要人類能贏得狗狗的尊敬，狗狗就會忠心耿耿地為主人執行命令，幫助人類做許多事情，也因此，建立了狗狗在人類社會中不可取代的地位。

　　在現代社會中，人跟人之間越來越疏離，而狗狗單純美好的天性、不計較回報地付出，更及時地填補了人類空虛心靈對情感上的需求。因此狗狗的地位又一次的提升，從有價值的財產，成為人類的家人、伴侶、好朋友，繼續一起過日子。

02

其實一開始，狗狗是聽不懂國語的，當然也聽不懂台語跟英語，但是，狗狗會學習，用的是聯結方式的垂直思考，只要每次A發生之後B立刻也發生，幾次下來，狗狗就會預期：B一定接著A出現。例如說，主人每次跟狗狗說「去公園玩」，然後就帶牠出門去公園，幾次之後（至於實際上要幾次，就跟狗狗的學習智商有關囉），狗狗就會知道「去公園玩」這句話的意義，就聽得懂主人說這一句話，又哼又跳，表現出牠的快樂。

03

為什麼狗狗需要穿衣服？

狗狗因為品種的差異，身上的毛也大不相同，有長有短，有多有少，有直有捲，變化頗大；同樣都是狗，有哈士奇那種超濃密還分層的防寒用毛，也有拉布拉多那種雖然短、密度卻特高的防水用毛；有約克夏那種絲樣柔順裝飾用的毛，也有中國冠毛犬那種身上幾乎都沒有毛。更何況，狗狗身上的毛，還會因主人的喜好，做不同的造型打扮，所以，當天氣寒冷的時候，還是要考慮一下，狗狗的毛禦寒能力夠不夠，是不是需要適當地添件衣服。

當然，主人若是想要幫狗狗打扮一下讓牠更炫，也是會讓狗狗穿各種奇怪衣服的，例如洞洞裝，似乎就跟防寒保暖扯不上關係囉！

04

為什麼狗狗會舔人？

狗狗舔人是一個很容易被誤會的動作，人類常常會覺得這是狗狗在親吻，事實上，狗狗不會做出『嘴唇接觸』的親吻動作，牠們是在『舔舐』。

當狗狗舔舐的時候，表達以下幾種意義：

一、安撫：幼犬出生一段時間之後，慢慢開始學會舔自己及同胎的夥伴，這除了能幫助小狗保持乾淨之外，還能強化彼此之間的感情聯繫，小狗們互相幫忙舔一些自己舔不到的地方，像是耳朵、背部、臉頰等等，讓彼此都能滿足。因此舔舐就成了善意與接納的表示，告訴對方：「我很乖，我沒有惡意，請接受我」；

二、飢餓：在野生世界中，母狼會把狩獵得到的獵物吃到肚子裡去，回到巢穴之後，再反芻吐出來餵給小狼吃，因此小狼會在母狼回家的時候，聚集過來，開始舔媽媽的臉頰，要食物吃，而狗狗繼承了老祖先的這一套儀式，所以在想吃東西的時候，也會舔主人；

三、尊敬：當成犬模仿幼犬作出舔舐的動作時，就是在向強勢優位的狗狗表達敬意與

服從，這時候狗狗會壓低身體讓自己看起來比較渺小，再配合抬頭仰望來增加稚氣的效果，而被舔舐的狗狗則會站得高高的，擺出接受對方的姿態，但不會回舔，藉此來展現牠的優勢地位；

四、焦慮：緊張惶恐的狗狗也會常常做出舔舐的動作，不過這時候牠們不舔人，而是舔自己的嘴唇、腳掌、甚至是空氣，而當讓牠們不安的狀況解除了，這種舔舐動作也就會很快消失。

因此，和家中狗狗確保位階的小技巧之一，就是別主動去『親』狗狗，真的忍不住要表達你的愛意的話，也請親在狗狗的鼻子上方，溫柔的支配一下，以免小狗覺得你的親吻是在討好牠，無意間養成牠不適當的老大心態。

05

為什麼狗狗會咬東西丟到主人腳邊？

當初在原始生活的時候，人跟狗會一起打獵獲取食物，當狩獵到的是比較小型的獵物時，人當然不希望狗自己三兩口就吃掉了，所以會要求狗狗咬回來，當然也會比較喜愛服從、願意把食物帶回主人身邊的狗，因此具有這種性格的狗狗，在跟人類一起生活的群體中，會比較容易得到食物、擁有較多存活及繁衍後代的機會，因此，人擇的結果就造成狗狗這方面的傾向，像是拉布拉多或是黃金獵犬這種尋獵犬（牠們的英文名字

Retriever就含有撿回來的意思），當初就是特別培育強化拾回的能力，跟獵人一起出擊的時候，尋獵犬會在一旁待命，等獵物被擊中後就前往取回。

當狗狗咬著玩具或是其他東西到主人身邊的時候，有幾種意圖：一、牠要討主人歡心，像獵犬老祖先一樣把獵物叼回來給主人，看看能不能藉著這樣的行為交換到一點食物吃；二、希望能引起主人的注意，主人的關注對狗狗來說是非常棒的獎勵，因此當狗狗咬著玩具到主人身邊，成功地引起主人的注意，甚至讓主人願意陪牠們玩一會兒玩具時，那牠們可就開心囉！不過請記得隨時展現你當領導者的風範，即使這時候你心裡面已經一千個一萬個願意跟狗狗玩耍一下，還是要先要求牠做出一次服從指令（不管多簡單，就算只是要求坐下都行），再開始玩樂。

Column
訓練基本原則及要點：

1. 每次不超過5分鐘，一天可數次。
2. 選擇適當的獎勵小點心，但只可於訓練時使用。
3. 逐漸以口頭讚美代替食物獎勵。
4. 訓練時要有耐心，不可操之過急。
5. 學習過程與結束總是愉快且有趣的。
6. 每次使用相同的口令與手勢，口令要簡短、手勢要明確。
7. 選擇合適的訓練時機，例如：飯前、大小便後。
8. 避免周圍有讓狗狗分心的事物。
9. 眼神的接觸與身體語言是很重要的。
10. 經常的練習和複習是恆久不變的道理。

chapter ②
狗族天性

為什麼狗狗會嘆息？

　　嘆氣是一種很簡單的情緒表現，不過還是要配合當時的情況以及狗狗臉上的表情，才能正確地解讀狗狗的心意。

　　狗狗嘆氣時，通常是趴在地上並且把頭擱在前腳上或是地上，這有兩種意義，如果狗狗嘆氣同時半瞇著眼睛，這表示狗狗覺得很快樂很滿足，而且準備小睡一下，這種嘆息通常出現在吃飽飯之後。

　　但如果狗狗嘆氣時伴隨著的表情是瞪大了眼睛，那意義就完全不一樣囉！這時候狗狗表達的是期待落空之後的失落與無奈，例如說，當牠巴望著你會分牠一口點心卻什麼都沒有，或是希望你帶牠出去玩卻看到你開始工作時，狗狗就會睜圓眼睛發出失望的歎息聲，如果狗狗能說話，這時候配上的旁白一定是：「唉！算了，我認了。」

07

為什麼狗狗要吐舌頭喘氣？

　　狗狗喘氣的動作比人誇張許多：嘴巴張開開，舌頭吐出來，這是為了讓嘴巴裡以及舌頭上的水分蒸發，好降低體溫。人類因為汗腺系統較為發達，流流汗，靠皮膚上的水分蒸發帶走熱量就可以了，所以不需要像狗狗一般張大嘴巴哈哈哈；當然，狗狗也會流汗，但是只限於腳掌，所以不太夠用，必須配合喘氣來達到散熱的目的。

　　而就像人類一樣，熱的時候會流汗，緊張的時候也會，所以當狗狗所在環境並不很熱，也沒有運動造成體溫上升，卻開始用力喘氣，這表示狗狗的情緒正處在興奮、緊張、或是焦慮的狀態，而引起的原因有可能是牠喜歡的正面情況，也可能是令牠害怕的負面因素。

08

為什麼狗狗會打哈欠？

　　狗狗打哈欠的原因有很多，靠打哈欠可以增加血液中的含氧量，增加腦部的供氧，達到提振精神的目的，因此，疲倦的時候會打哈欠，無聊到快睡著的時候會打哈欠，還有剛睡醒想要快點清醒過來的時候也會打哈欠。

　　此外，焦慮的時候，狗狗也會打哈欠，這時候的哈欠表達的是：「好緊張喔！糟糕了，怎麼辦？」這類緊張焦慮煩躁的意思。這時候主人如果用比較友善的語氣跟牠說話，那麼狗狗覺得放鬆之後，打哈欠的動作就會停止。

　　最有意思的是，在狗狗跟狗狗之間，打哈欠還有溝通上的意義，用來表示安撫、友善的意圖，不是服輸，但也不是非要比出個高下不可，可以化解緊張對立的氣氛；因此面對可能受到攻擊的狀況，人也可以用打哈欠的方式安撫狗狗，再配合一些不帶威脅性的肢體動作（轉開視線不要有眼神的直接交會、半側身體、慢慢退開一兩步，請絕對不要在這時候摸狗狗的頭），可以讓狗狗打消攻擊的敵意。

09

為什麼狗狗會翹屁股？

狗狗面對玩伴，擺出：兩隻前腳往前伸直，前半身壓低，後半身和尾巴翹起來，這是標準的邀請玩耍的姿勢，表示狗狗在說：「我們來玩吧！」然後接下來狗狗會突然跑開，往玩伴的方向猛衝過去，再擺出邀請遊戲的姿勢，左右彈跳，當對方願意一起玩的時候，接下來兩隻狗狗就會開始追逐打鬧的遊戲。

這個動作有很重要的『保證』意義，狗狗會先擺出這個姿勢，然後再佯裝攻擊猛衝向另一隻狗，或是當狗狗不小心用力過猛把對方撞倒之後，也會立刻擺出這種姿勢，這是向對方保證一切純粹是好玩，沒有冒犯的意思，以免擦槍走火，遊戲變惡戰。

10

為什麼狗狗會互相聞屁屁？

不認識的狗狗在第一次見面的時候常常會互相聞屁屁，這是因為牠們靈敏的嗅覺，在嗅聞對方肛門腺體特有的味道時，可以獲得非常多的資料，像是對方的年齡、性別、個性、情緒、身體狀況、是不是正在發情等等，訊息之多，簡直就像我們人類第一次見面在交換名片一樣，所以主人不用覺得噁心或是擔心不禮貌，這是狗狗正常的社交表現。

11

為什麼狗狗會磨屁股？

狗狗將後半身坐低，屁股貼近地面，後腳向前伸直，用前腳的力量帶動身體一邊前進一邊磨屁屁，也有人把這個動作稱為跳屁屁舞。

這是因為狗狗屁股下方有一對肛門腺，正常的時候，肛門腺的分泌物會在排便或是搖尾巴的時候被肌肉推擠出來。但是如果排出不順利，堆積太多，狗狗就會覺得不舒服，於是就會做出這種磨屁屁的動作來試圖把過多的分泌物磨掉。所以當主人看到狗狗作出這種動作的時候，請幫牠檢查一下是不是該清理肛門腺囉！

另外比較少見的狀況是，狗狗有條蟲或是其他腸內寄生蟲的感染，造成屁屁癢，也會靠磨屁股來抓癢。

12

為什麼狗狗會躺在大便上滾來滾去？

狗狗會到有異味的地方（大便甚或是腐敗屍體）翻滾，用意跟人類噴香水一樣，都是為了增加自身的味道，好讓自己更有魅力。當狗狗帶著奇怪的味道穿過狗群時，很能吸引其他狗狗的注意，大家會想要研究一下那是什麼味道，而地位低下的狗狗可以藉此獲得地位較高的狗狗的注意，而跟人類社會一樣，上層關愛的眼神，有助於提升社會位階。

只是狗狗跟人類的品味不一，狗狗喜歡的味道有時會讓主人覺得很噁心，如果您的狗狗也有這種習慣，請及時阻止牠，不然一回家就得要立刻洗澡囉。

 表示此題解答在動物行為領域尚未有定論，或僅為作者的個人意見

13

為什麼狗狗會吃野草？

　　傳說中狗狗會自己找草藥吃，其實是個美麗的誤會。

　　從狗狗的身體結構來看，牠們的食道很短，很方便把胃裡面的東西吐出來，因此當狗狗吃到不對勁的食物（例如已經腐敗的肉），牠們可以很容易地把壞掉的東西吐掉，免得傷害身體，而吃草類這種形狀尖尖、纖維含量很高的東西，更可以幫助催吐，因此本來吃壞東西精神不好的狗狗，吃草催吐之後就舒服多了，所以才會讓老一輩的人誤以為是狗狗自己找草藥治好了自己。事實上這招只對吃壞東西有用，若是罹患其它的病，狗狗可就沒辦法自己醫囉！

14

狗狗的口腔結構跟人不太一樣，人類用吸管喝飲料時，是讓上下唇閉合，造成口腔內負壓狀態來達到吸水的目的，狗狗沒法做到這樣的動作，又不能像雙手萬能的人類一樣用手拿水杯靠近嘴邊喝水，所以必須要用舔的方式來喝水。

大部分的狗狗是靠舌頭快速地上下移動來把水帶進嘴巴裡，不過有些運動神經比較發達的狗狗會把舌頭捲成小杓子狀，讓喝水更有效率，下次可以觀察看看你家的狗狗怎麼喝水，很有趣喔！

15

為什麼狗狗的背毛會豎起來？

狗狗面臨衝突的情境時，不管是要爭地盤、奪食物、還是搶女人（我的意思是爭奪對母狗的交配權），背上的豎毛肌會收縮，讓背毛豎立起來，造成自己身體變大的視覺效果，表示強勢支配的肢體語言，告訴對方說：「嘿，我可是很高大強壯的，想跟我爭？自己考慮清楚喔！」所以優勢地位的狗狗會讓自己變大，而服從的狗狗會盡量讓自己縮小（包括耳朵往後貼、縮起四肢、蹲伏在地上）。

不過當兩隻狗狗都讓自己變大時，牠們還是會評估全部的資訊，像是對方的體型大小、社交技巧、企圖心，估量一下自己的勝算有幾分之後，再決定是不惜打一架爭到底，還是退讓一下另謀發展。

另外當狗狗突然受到驚嚇時，在還搞不清楚狀況前，狗狗會先把危險程度升級到紅色警戒，所以也會擺出面臨危機時的反應，把毛盡量豎起來，等到確定沒事，警報解除，背毛就會慢慢順服下來了。

而可蒙犬（又稱拖把狗），因為牠的毛髮在人類培育過程中已經被定成重重粘結的一絡絡拖把樣，再也立不起來，就沒辦法用毛髮來表達情緒了。

16

為什麼狗狗會笑？

狗狗的面部肌肉調節能做出類似人類微笑的動作：嘴巴微開、嘴角向後拉、露出牙齒，這種順從的微笑表達的是：「我沒有惡意，我知道你才是老大。」除了表示友善之外，狗狗在輕鬆愉快的時候，也會這樣輕輕微笑，不過牠們無法像人類一樣開懷大笑就是了。

要注意的是，不要把這種露齒微笑跟皺起嘴皮的露牙威脅給弄混了，不然狗狗本來是想表達親善，卻被誤會成凶悍不親人，那就可憐囉！

 表示此題解答在動物行為領域尚未有定論，或僅為作者的個人意見

17

為什麼狗狗上過廁所之後會用後腳向後踢？

狗狗在尿過或便過之後，會用後腳踢附近的地面，如果是在草地或是泥土地上，可以很明顯地看到野草沙土被踢飛起來。有人會誤以為狗狗是要挖土來掩埋牠的排泄物，其實剛好相反，牠的用意是要宣告牠的存在，希望讓自己的味道能擴散到更遠更廣的地方，用這種留下標記的行為，讓更多狗狗知道：「我便、我尿，故我在」。

18

為什麼狗狗出門不一次尿完而要到處尿？

同樣是要宣告自己的存在，標示一下地盤，狗狗分很多次尿，宣傳的效果自然是比一次尿完要好得多，尤其是沒有結紮的狗狗，有被賀爾蒙驅迫繁衍後代的使命，更需要用力宣傳：「大家注意！這裡有個大帥哥（或是大美女）的存在喔！有沒有適婚年齡要徵友的啊？」所以總是這裡尿一點、那裡尿一點，絕不可能一次痛快搞定。而結紮過後的狗狗，沒有這樣的需求，自然不需要這樣的行為，適當的早期結紮，就不會到處亂尿。

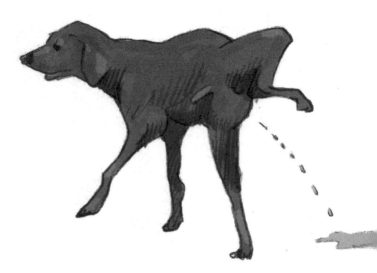

19

為什麼出門散步時狗狗一直聞來聞去？

狗狗會用尿尿便便做標記，像是人類簽名一樣，標示「XXX到此一遊」。而尿中的資訊更豐富，還揭露了性別年齡等等，因此狗狗出門時，除了會到處尿來尿去留下自己的簽名之外，還會到處聞來聞去，閱讀別人的簽名，就像是人到社團中，會看看留言本一樣囉。

20

為什麼狗狗的耳朵會往後貼？

這是狗狗打招呼時，表示服從的臉部表情。

立耳的狗狗例如哈士奇、博美、約克夏等等，能表達得非常清楚明確：耳朵往後往下，貼近頭部。

而垂耳的狗狗如黃金獵犬、拉布拉多、瑪爾濟斯等等，因為耳朵本來就是垂下來的，只能往後拉，不過還算是能表示出牠的心意不被誤會。

最慘的是被剪耳朵的狗狗，像是杜賓犬、拳師狗或是某些迷你型雪納瑞，因為手術過後耳朵就只能立著不能往後倒，最多只能做出耳朵往後轉的動作，但這對其他狗狗來說實在是很不清楚，所以這些狗狗常常很無辜地被其他狗狗誤會成是很囂張的傢伙，因此沒辦法順利交到朋友，甚至是在牠自己本狗不情願的狀況下被迫打一架（別的狗狗看不順眼會想教訓牠）。

雖然剪耳朵能讓狗狗看起來雄壯威武，但是對狗狗來說，一來很痛很痛（請想想看，如果在你十歲時，左右耳各被切掉一半會是什麼感覺），二來會被剝奪溝通的管道影響

社交生活（再想想看，如果你的臉被搞成很凶惡，讓大家都不想跟你做朋友，那又是什麼感覺），所以，在此沉痛地呼籲，請大家停止這種殘忍的事情吧。

ps.英國已經立法禁止剪耳手術。

Column

養狗應負的責任：

動物保護法的規範
1）第二章第五條：生理上的需求——食物、水及適當的生活環境，與日常的基本照顧
2）第二章第十一條：疾病的預防及醫療
3）第二章第七條：飼主應防止其所飼養動物無故傷害他人之生命、身體、自由、財產或安寧
法律之外的責任：
精神（情感）上的需求——關愛、陪伴、管教及社交活動

21

為什麼有的狗狗搖尾巴還要咬人？狗狗搖尾巴不是表示很高興嗎？

當狗狗用尾巴在說話的時候，想要明白狗狗究竟要表達什麼，除了要看動作，還要看尾巴的位置。

所以當狗狗已經因為服從而搖尾巴，人類又用錯誤的方法去接近時，狗狗就有可能因為害怕而引發自衛性攻擊。

其實要了解狗狗的心意，最好是同時觀察面部表情（眼睛、嘴巴、耳朵）、身體語言（動作、姿勢、毛髮）以及尾巴，才不會誤會牠的情緒，尤其是對於德國牧羊犬這種先天骨骼就是尾巴無法舉高超過背部的狗狗，光看尾巴是不夠的，更別說像是獵狐狸這類被剪尾的狗狗，就根本看不到牠們的尾部表情囉。

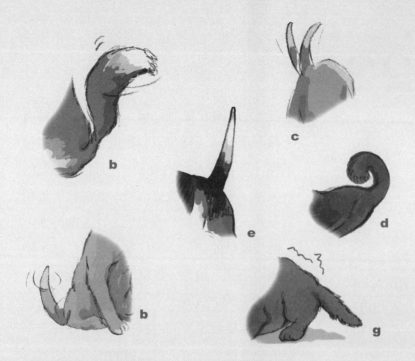

Column

狗尾巴的表情

　　a.尾巴自然狀況垂下、不擺動：沒有什麼特別的意思；

　　b.尾巴自然上揚、快速搖動：表達快樂興奮的意思；

　　c.尾巴在背部水平面的位置平舉、緩慢擺動：表達的意思是牠覺得自己應該是略有優勢，但是還不太有把握；

　　d.尾巴往後上方約四十五度上揚、不搖動或是僅止於略略搖動：這是具有優勢又非常有自信的尾部姿勢；

　　e.尾巴垂直上舉、不搖動：這就更強勢囉，這隻狗狗覺得自己非常了不起，想要讓對方印象深刻；

　　f.尾巴比自然垂下狀況要高一點點、不搖動或是僅止於略略搖動：表達心中不是很有把握，有一點點害怕；

　　g.尾巴垂下、僵直地搖動：表示服從的意思；

　　h.尾巴垂下而且夾在兩腿之間：表示服從，而且心中害怕。

22

為什麼狗狗的嗅覺超靈敏？

狗狗的口吻部跟狼一樣，是長而離眼睛有一段距離的，這樣可以容納更多的嗅覺神經細胞（數量是人類的46倍），而狗狗腦部的嗅覺區（專門處理嗅覺信號的腦神經）也相對發達，所以狗狗的嗅覺能力比人強得多。

嗅覺靈敏的狗狗能擔任某些特殊任務，像是機場把關、緝毒、災區救難、追蹤逃犯、尋找遺失的小孩老人、火災現場勘驗起火物質、找出破壞木屋的白蟻、發現人類身上早期的惡性腫瘤等等，可厲害的咧！

不過也不是所有的狗狗嗅覺能力都一樣，像是米格魯(beagle)以及尋血獵犬(blood-hound)這類的狗狗，牠們低垂的耳朵還有幫助蒐集氣味的功能，所以嗅覺又比一般的狗要強；而西施(shih tzu)、巴哥(pug)這一類的短吻狗受限於先天條件，嗅覺就差一點；至於某狗種（為了保留牠們小小的自尊就不公佈了）的嗅覺實在不怎麼樣，有的甚至在田野尋找老鼠的嗅覺賽中，遲鈍到踩住老鼠而老鼠吱吱叫，牠才知道老鼠在哪裡！

23

為什麼狗狗的舌頭會在嘴巴外面？

狗狗的舌頭是靠犬齒來定位，牠會把舌頭放在上下共四顆的犬齒中間；有的狗狗咬合不正，下顎往前突出，那麼舌頭就會吐一小截在外面，一副可愛樣；而有的狗狗是因為年老掉牙，舌頭失去定位點，就會歪到一邊掉出來；喘氣散熱的時候，為了要增加散熱面積，除了張大嘴巴，也可以讓舌頭歪出來。

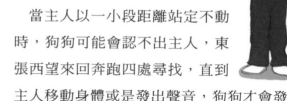

24

為什麼我站著不動狗狗就不認得我？

當主人以一小段距離站定不動時，狗狗可能會認不出主人，東張西望來回奔跑四處尋找，直到主人移動身體或是發出聲音，狗狗才會發現：「啊！原來你在這，害我找半天。」

這是因為狗狗的視覺系統在設計上，跟人類有差異。

人類的視線範圍有150度，其中高達145度是雙眼視野重疊的區域，因此在立體視覺上清晰明確；而狗狗的視線範圍有250～290度，但其中只有80～110度是雙眼視野重疊的區域（這範圍的差異是因為不同狗種，雙眼位置不同而造成），所以狗狗的立體視覺比人差得多，但是側邊視覺範圍卻比人類寬廣，對於移動的物體比較敏感，因此對於環境變化的警戒能力也比人類更強。

而在顏色分辨上，狗狗眼中的彩色也沒有人類看到的豐富，牠們主要是靠著光－影的深淺變化，來大概辨認物體的輪廓。

所以，狗狗能盯住飛舞的蝴蝶，但是卻不能認出三公尺外主人的臉，想要吸引牠的視線，你得要「移動」才行。

25

為什麼狗狗會甩頭抖身體？

狗狗身上有水時，會抖動身體，把水抖落，這個動作在洗澡的時候最常見，狗狗會左右抖動身體，從身體到皮毛都抖動起來，好盡量把水甩掉讓身體變乾。有時候身上有草屑等其他東西時，狗狗也會抖動身體甩掉外物。

根據非正式觀察報告（主要觀察樣本為林阿松及許小皮），能夠從頭部到尾端，照順序抖得有規律的狗狗，似乎肢體協調能力越好，運動能力較強，適合進行敏捷競賽或從事體力活動喲！

 表示此題解答在動物行為領域尚未有定論，或僅為作者的個人意見

47

26

為什麼狗狗愛追貓？

大家印象中，都認為狗跟貓是世仇，每次見面都要追逐打架，這的確是事實，而最主要的原因呢，就是因為狗跟貓的肢體語言，有很多會讓彼此誤會的地方，一樣的姿勢動作，對雙方的意義完全相反，因而造成敵意越來越重，互相無法信任。

例如搖尾巴，對狗狗來說，大範圍的搖尾巴代表的是友善、無惡意、希望拉近彼此距離，但是對貓來說，搖尾巴表示的卻是警告的信號之一，是要求增加距離、希望對方滾遠一點，不然接著就是要出爪攻擊了。狗狗若是被貓的尾巴誤導，以為對方跟自己一樣友善，就可能被貓抓咬，因此狗會認為貓是騙子：「明明說要做好朋友的，怎麼突然翻臉打人？」而貓也會覺得狗很白目：「我已經警告你滾遠一點了，幹嘛還一直擠過來？」

另一個常見的誤會，是翻肚子。對狗狗來說，這是極端的服從姿勢，傳達的是沒有威脅的訊號，

但是對貓來說，要攻擊前才會翻肚子，這種動作可以讓貓靈活地使用四隻腳攻擊，因此當狗狗看到貓咪翻肚子，會誤以為貓咪投降求和，而去靠近對方聞聞嗅嗅一番，這本來是狗狗接受休兵的動作，但這麼一來，肯定會被貓咪打花臉。

再來一個致命打擊，是身體接觸，貓咪的身體接觸，是用肩膀、頭部、胸部磨蹭對方，把自己的味道留在對方身上，作為友好的表示；但是狗狗在進行身體接觸時，是利用碰撞或是壓制來表達自己的強勢主導地位，因此當貓咪用身體接觸向狗狗示好時，狗狗會誤以為貓咪是要逞威風，這對體型具優勢的狗來說是不可忍受的事情，一定得加以反擊，這下誤會又大了。

正因為狗貓之間的誤會這麼多又這麼大，所以雙方都會心懷不滿，覺得對方不知道在想什麼，很難有良好的信任基礎，而一次誤會之後，下次見面就更加疑懼，難免會引發追打衝突，很少能和平相處。

不過，如果狗貓能在很小的時候就一起生活、一起長大，那麼就有機會在雙方殺傷力都不大的時候解決誤會，學習正確解讀方式，知道對方的真正心意，還是能和諧地一起生活在同一個屋簷下。

27

為什麼狗狗的鼻子總是濕濕的？

一隻正常健康的狗狗，鼻子總是保持一層濕潤的水氣，這是因為牠們自己會用舌頭舔鼻子保持濕潤，讓空氣中的氣味分子溶在水中，增加嗅覺的靈敏度。

而當狗狗生病不舒服的時候，沒有精神去打理，鼻子就會乾乾的，甚至當狗發燒的時候，因為體溫升高，鼻子就會乾得更快。因此一般人會認為：狗狗的鼻子是乾的，就是生病了；事實上，狗狗是因為先生病，鼻子才變乾的。

28

為什麼狗狗吃東西又急又快狼吞虎嚥？

狗狗的祖先——狼，是靠集體狩獵來討生活，而食物取得不容易，這餐吃了不知道下一餐在哪裡，因此，有得吃的時候，一定要趕快吞到肚子裡，先吃先贏，慢一步，要不是被狼同伴吃光，要不就被其他肉食獸分食，可就沒得吃了。因此，這種快速吞食的習慣就遺傳了下來。

不過，吃得太快的習慣對狗狗來說沒什麼好處，畢竟，跟人類一起生活，基本上食物是不虞匱乏的，反而是吃得太快會容易吐，長期胃酸逆流會造成慢性胃炎或食道炎。因此，最好能從小建立狗狗良好的進食習慣。

Column
狗狗吃太快要怎麼糾正？

如果狗狗已經是狂吃猛吃、吃完吐吐完再吃的不良習慣，那麼主人就需要幫牠節制速度，一餐的份量不要一次全部給足，先給一小部分，等狗狗吃完休息個五秒鐘，再給一小部分，由主人來調控速度；中大型狗最好從小養成趴著吃的姿勢，不然就是長大後要把碗墊高，以免狗狗總是要壓低脖子吃得很辛苦。而狗狗如果從小練習服從訓練中的『等』，穩定性會越來越好，食物當前也有耐心等待，就不會吃得急吼吼的囉。

為什麼狗狗會用屁股對著別人或別隻狗？

當兩隻狗狗相遇的時候，有時會看到這樣的場面：其中一隻狗狗用臀部向著對方身體的側面，從正上方看，兩隻狗會形成T字型。

這個肢體語言要傳達的意思是：這是一隻有自信的狗，雖然承認自己現在處於相對弱勢，而且差距還不小，但是並不會因此害怕對方。翻譯成人話大概是這樣子的：「嘿，老大，我承認你比我強，不過呢，我還是可以應付你啦，別想把我吃死死。」

如果這隻有自信的狗狗碰到另一隻比他強，但是強不了多少的狗時，他可能就只會側身轉向，而不會完全用屁股朝向對方。

 表示此題解答在動物行為領域尚未有定論，或僅為作者的個人意見

30

為什麼狗狗會突然狂流口水？

狗狗的嗅聞動作，除了一般常見的鼻子嗅聞，還會有一種，是張開嘴巴吸氣，利用上顎的犁狀器蒐集氣味分子。而如果接收到某些與性有關的費洛蒙，是其他狗狗（尤其是發情中的母狗）散發出來的費洛蒙，公狗就會興奮起來，嘴巴微微張開，然後開始流口水，模樣跟看到美女的色情狂有幾分相似。有些主人會嫌惡覺得很髒，還有些主人誤會以為狗狗看到鬼了，其實只不過是正常的生理反應。如果不希望狗狗有這樣的舉動，早期結紮會有很不錯的效果。

但是看到狗狗狂流口水，還要注意區別幾件事：

一、是不是有機磷中毒：驅跳蚤用的『牛壁逃』是有機磷類的製品，狗狗如果誤食中毒，會口水流個不停；

二、會不會感染狂犬病：這在台灣是已經被撲滅的疾病，不過因為目前跟大陸地區往來頻繁，而對岸可是狂犬疫區，所以還是要提高警覺小心為上。

31

為什麼狗狗的鼻子會變顏色？

　　狗狗的鼻子大多是深黑色，這是因為黑色素大量分布在鼻頭的關係，而在狗狗一生當中，鼻子的顏色可能會由深到淺，從黑色到淡粉紅色甚至近乎白色，也會從淡色再變回深色，這些變化都是因為黑色素分布多寡而造成的，基本上對狗狗沒有什麼太大的影響；不過，因為黑色素能保護皮膚，防止紫外線的傷害，所以當狗狗的鼻子是淺色的時候，請注意不要讓牠曬太多的太陽，以免曬傷，甚至引發皮膚免疫性或腫瘤性的病變。

32

為什麼狗狗要往樹上灑尿？

這種行為主要發生在公狗，尤其是沒有結紮的公狗，因為尿液是狗狗標示地盤、宣示主權的方式之一，所以尿得高一點，宣告的效果就更好一點（像是人類世界中的廣告標示，也是要立在顯眼的地方），因此樹幹或是電線桿就是個不錯的選擇。而身材越是高大的狗狗，就能尿得越高，所以為了達到最好的廣告宣傳效果，公狗們會想盡辦法抬高後腳、把尿噴高，假裝自己長得非常雄壯威武。

不過公狗並不是非這麼尿不可，所以前幾年有個腦筋急轉彎的題目說，狗狗沙漠旅行，忘了帶電線桿，結果就憋死了，這其實是不可能的啦！公狗也是可以站著尿或蹲著尿的。

33

為什麼狗狗上大號前會先轉圈圈？

大便跟尿液，都是狗狗用來「簽名」的工具，因此狗狗在解便之前，會嗅聞地板並且轉上幾圈，挑個「廣告宣傳」效果最佳的地點來排便。

而排便時因為要採取彎蹲後腳的姿勢免得大便沾到身上，所以先把附近地形踩踏一番，可以確保站立處穩定好施力，以免大便到一半重心不穩摔倒，那就尷尬了。

 表示此題解答在動物行為領域尚未有定論，或僅為作者的個人意見

34

為什麼狗狗睡覺前會先轉圈圈?

　　這是從老祖先——狼——傳下來的習性,當初狼是在野外生活的,可沒什麼床鋪棉被可以用,所以在睡覺前會先邊轉邊踏,把野草踏出一個窩的形狀,這樣就可以睡得比較舒服,也比較隱密有遮蔽。而現在的狗狗就好命得多了,不但不用餐風露宿,各式生活用品一應俱全,光是墊褥還分冬暖夏涼的不同功效,不過有的狗狗還保持著自己「鋪床」的習慣,會把棉被鋪成牠最喜歡的形狀才就寢。

35

為什麼狗狗睡覺會打呼？

有些狗狗睡覺時會發出鼾聲，這其實跟人一樣，是因為睡覺時呼吸道受到軟顎懸雍垂的阻擋，呼吸不順，所以會打呼打鼾，這在短吻的狗狗身上特別容易發生，因為牠們的嘴吻比較短，更容易擋住。

打呼其實表示呼吸不順，長期下來往往會慢性缺氧，因此聽到狗狗打呼時，請輕輕地幫牠調整一下頭頸的角度，讓牠呼吸順暢一點。

36

為什麼狗狗會挑眉？

狗狗沒有眉毛，因為牠們頭上不會流汗，所以不需要眉毛來擋住眼睛上方的汗水，但是狗狗還是有眉毛的痕跡與肌肉，可以做出一些表情來傳達心意。傳說中的四眼狗，就是眉毛處的毛色不同，像是淺毛色的狗狗有深色的斑點，或是深毛色狗狗有淺色的斑點，沒有斑點的狗狗，在眉毛處的毛色也會有一塊陰影區，這樣的毛色差異可以讓眉毛語言表示得更清楚。

狗狗雖然沒有眉毛，但是藉著附近的肌肉動作，還是可以跟別人或是別狗「眉來眼去」。

狗狗的眉毛語言跟人類大致相同，上挑的眉毛表示驚訝、喜悅、友善；狗狗不高興的時候，兩眉之間會緊縮，像是人類怒目皺眉的表情；當狗狗困惑或者專心要解決問題的時候，眉毛會下壓，盡量靠在一起，像是人類絞盡腦汁的表情；而當狗狗害怕或屈服的時候，眉心部分會往上推，眉尾往下延伸到太陽穴，像是人的八字眉，不過因為狗狗的眉尾並不特別明顯，所以這個動作並不容易被觀察到。

37

為什麼狗狗會喜歡成群結隊？

狗狗是社群性動物，群體生活不但對於個體的生存有幫助，對於整個族群的延續更是意義深遠。一群狗跟單獨一隻狗比起來，打獵覓食比較容易，被其他大型肉食獸攻擊時，也比較能反抗抵禦。而一群成犬共同撫育剛出生未成年的幼犬，也比單親狗媽媽自己照顧的成功率要高得多。因此在狗的天性當中，是很喜歡群體生活，很不能忍受寂寞的，所以流浪狗會成群結隊壯大聲勢，而家居犬也會自然而然地把家人看成是「一國的」。

為什麼狗狗睡覺中會跑步？

狗狗也會作夢，所以當牠夢到在奔跑，就會划動四肢做出奔跑狀；夢到在吠叫，那麼睡覺中也會發出叫聲；甚至有的狗狗一邊睡，一邊咂嘴舔舌，不用說，牠一定是夢到在吃大餐囉！

有的狗狗還會被自己的動作驚醒，然後一臉茫然，好像搞不清楚剛剛夢中的情境怎麼突然不見似的，非常有趣，下次可以觀察看看，你家的狗狗會做什麼樣的夢。

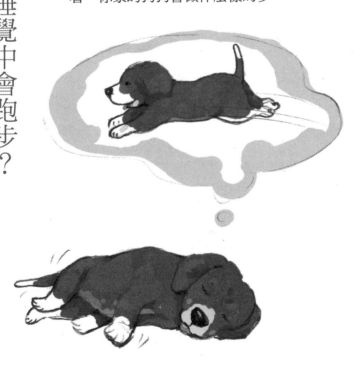

39

為什麼狗狗的叫聲會不一樣？

狗狗的聲音訊號基本上可以分成吠叫、吼叫、哀鳴、嚎叫、尖叫、嗚咽、以及混合版，因為書面的文字無法發出聲音一一描述，所以這裡先說明叫聲的一般原則。

音頻：叫聲的速度越快，表示狗狗激動或興奮的程度越高；

音高：低音的叫聲代表主導威脅強勢掌控，高音的叫聲則表示狗狗不安全感或是恐懼；

音調：叫聲的音調穩定性越差、變化越大，表示這隻狗狗越沒有把握，相反地，若是叫聲越穩定，代表狗狗越有自信；

音質：這就跟人的歌喉一樣，是天生的，沒有溝通上的意義，除非受傷，不然也不會改變。

40

為什麼狗狗會放屁？

當腸道內氣體太多，多到必須要由後端的出口——肛門來排出，這就是放屁。不只人會放屁，狗狗也會放屁，這是生理反應，沒什麼好奇怪的。

人類在吃了地瓜之後容易放屁，狗狗也是，只要吃了容易產生氣體的食物，例如豆類製品（豆子、豆腐、豆花等等），就比平常要容易放屁；如果狗狗是吃乾飼料，卻也常常放屁的話，可以看看飼料的成分是不是恰當，考慮換換其他品牌，或者是添加一些活性乳酸菌製品（像是表飛鳴等），幫狗狗增加腸道內的有益菌，增進腸胃健康，就能減少放屁，以免狗狗突然在密閉空間內大鳴大放，熏得大家受不了。

41

為什麼狗狗會打嗝？

不管是人是狗打嗝都一樣，都是因為橫膈膜痙攣性收縮引起，通常時間很短暫，數小時內就會自動停止。

而造成的原因也大都不易查出來，一般也不至於會影響健康，打嗝跟飲食的內容或多或少有些關聯，吃了容易產氣的食物有可能會引起打嗝，一時吃得太急太快太飽也可能會引發，但並不是絕對一定會。

一般人打嗝的時候，大口喝水或者是憋氣幾秒鐘，有助於停止打嗝，但是狗狗打嗝的時候，很難要求牠這麼做，所以主人不妨幫狗狗拍拍背，按摩按摩肚子，這樣也可以早一點停止打嗝。

除非狗狗打嗝不止，超過一天以上，才需要請醫師診治。

42

為什麼狗狗會舔腳？

狗狗會很起勁地舔著自己的腳，可能是四隻腳中的任一隻，也可能會全部都舔，這通常是因為牠覺得癢，所以想要用舔來止癢。當狗狗的腳底踩到不乾淨的東西時會癢，有黴菌感染會癢，更常見的是狗狗有異位性皮膚炎時更是癢，越癢就越想舔，越舔就越覺得癢，有的狗狗甚至會把腳掌翻過來，連腳底都舔，嚴重的時候，會舔出傷口，造成腳趾間腫起一個包包，破口時會流血或是流膿，這就是趾間皮膚炎了。

Column
希望狗狗不要一直舔要怎麼做？

當主人看到狗狗在舔腳的時候，要先幫牠檢查一下，腳底及腳趾間有沒有髒東西卡著，甚至有時候會有小刺在肉裡；確定沒有問題之後，可以喊喊狗狗的名字，或是陪牠玩一玩，轉移一下注意力，免得一舔就停不下來；如果狗狗是因為異位性皮膚炎而舔個不停，主人可以每天幫狗狗用清水洗腳，洗完盡量擦乾吹乾，保持腳腳乾淨清爽，狗狗就會減少舔的慾望。

43

為什麼狗狗會打噴嚏？

打噴嚏是一種呼吸道的症狀，以下幾種原因都會造成打噴嚏：空氣中有花粉、灰塵、煙霧（包括主人抽香菸的二手煙），或是空氣的溫度突然改變，鼻腔黏膜受到過度刺激就會用打噴嚏來排出這些對身體不好的分子。另外，輕度的上呼吸道感染初期，也會打噴嚏。

狗狗若只是偶而打打噴嚏是沒有什麼大礙，可以不用太擔心，但如果發生的頻率越來越高，或者伴隨著出現其他咳嗽流鼻涕等問題，就需要找醫師檢查，並且要檢討一下，家裡的空氣品質是不是有問題。

44

為什麼狗狗不會說話？

狗狗能發出聲音，叫聲也有各式各樣不同的音調、頻率（請參考第62頁），但是發音能力有限，所以並不像人類有豐富的子母音變化，構成說話的內容，這是因為生理結構的不同。

狗狗的呼吸道從鼻子嘴巴到氣管，只有微微的彎曲，跟人類的九十度垂直大不相同，因此狗狗的喉嚨空間比較小，能容納的發聲構造也比較少，扁平的舌頭也不比人類渾圓，嘴唇更不像人類能閉合變化，因此像是早期的人類（尼安德塔人）一樣，說話能力有限，不能夠發展出各式聲音變化。

45

為什麼狗狗不用學就會游泳？

　　狗狗的身體結構，平常就是四肢著地，頸部上升，頭部在最高的位置，因此到了水裡，不必擔心呼吸進水嗆到的問題，而且只要作出類似走路跑步的動作滑動四肢，就可以輕易前進。因此，狗狗不用報名上游泳訓練班，到了水裡自然就會游。

　　不過會不會是一回事，喜不喜歡是另外一回事。狗狗依照天性不同、品種差異，對於游泳的好惡，會天差地遠，有的狗狗一看到水就忍不住要衝進去，有的卻是泡在水裡拼了命也要立刻游上岸。因此主人千萬不要因為狗狗會游泳，就毫不憐惜地把狗狗拋到水裡喔，這樣可是很殘忍的，而且第一次就大受驚嚇的狗狗，恐怕這一狗輩子都不會喜歡玩水囉！

46

為什麼有的狗狗很聰明，有的很笨？

天生不平等，不只人有聖賢才智平庸愚劣之分，狗也有天份的不同。不但不同的品種有先天上的差距，同一胎狗狗之中，兄弟姊妹的表現也不盡相同。

Stanley Coren 所著的《The Intelligence of Dogs》一書當中，依照狗狗接受學習訓練的能力，將各個品種做了評比，這就是狗狗工作與服從智能排行榜，一般會以為這是狗狗的智商排行表，不過事實上，這個評比著重在工作跟服從的能力，而狗狗的智商，還有其他層面的表現，例如：小型玩賞犬比較懂人性，能查覺主人情緒的變化；而中型犬像是台灣土狗或是混種狗，野外求生的能力就比較強，而這些能力在排行榜上是看不出來的。所以一隻狗狗究竟是聰明還是笨，其實還要看主人有沒有依據牠的天性，正確的教導牠。

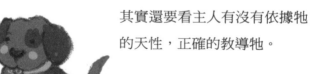

chapter **3**
生活習慣

47

為什麼我家狗狗什麼都不吃，只要吃肉？

這是讓獸醫師很沒力的問題，基本上，這樣的狗狗並不是什麼都不吃（至少牠吃肉），牠是挑食。

狗狗是雜食性的動物，各類的營養素都有一定的需求量，但是以食材的本質來看，蛋白質與脂質（說穿了就是肉啦）的香氣是最有吸引力的，所以牠們當然會最愛吃肉。

如果主人因為狗狗愛吃肉，而充分供應肉給狗狗食用，在食物來源不虞匱乏的狀況下，狗狗就會挑愛吃的來吃，久而久之就變成非肉不可，更過分的甚至還挑剔，今天吃牛小排、明天要雞腿、後天換羊肉等等，搞得主人要發瘋兼破財，而狗狗的身體狀況卻慢慢出現各式各樣營養失調的問題，實在是怎麼想都沒好處。

所以，睿智的主人們，請正確地愛你的狗，吃得營養均衡的狗狗，絕對比吃得任性痛快的狗狗健康，而能陪你快樂地過更久喔！

Column

狗狗挑食要怎麼糾正？

　　挑食是一定要糾正的，就像你不管再怎麼愛你自己的小孩，也不可能任由小朋友每天只吃牛排當正餐對不對？

　　零食不是不能吃，不可否認那是生命中很大的樂趣，不管對人對狗都是；但是吃零食不能壞了正餐的胃口，一旦挑食就要先暫停一切零食，等恢復正常再說。

　　不管是哪種食物，都不要讓狗狗吃到厭足，永遠保持狗狗對各種食物的高度興趣，這樣的狗狗一定會比挑東撿西愛吃不吃的狗狗要來得健康幸福快樂。

48

為什麼狗狗會跟人討食物？

　　這是從幼犬的行為演變而來的動作，還未長大成狗的小狗狗沒有自己打獵覓食的能力，要靠狗媽媽提供，因此小狗狗會向媽媽乞食，用舌頭舔或用鼻子頂等動作提醒媽媽：「我肚子餓，我要吃東西。」

　　而跟人類一起在現代生活的狗狗，每天看著主人從廚房料理出食物，或是從外面帶外食回家，一定會覺得主人是超棒的獵人，有辦法獵到這麼香的食物，於是為了能分一杯

羹，就會模仿小狗可愛的樣子，明示暗示主人分牠一口。有規矩的狗狗，會坐下來看看食物、看看主人，同時拼命搖尾巴，用含情脈脈的眼神攻勢突破主人的心防；比較急躁的狗狗，會吠叫幾聲來表示牠的強烈慾望；更積極（其實是沒規矩）的狗狗，就自己直接搶來吃了。

Column

要怎麼改善狗狗乞食的狀況？

　　不管狗狗用哪種方式乞食，都不能讓牠予取予求，否則牠不但不會感激，反而會看不起主人：「這小子真乖真聽話，我要吃他就趕緊奉上。」無形中養成狗狗自尊自大的不當心態；就算你內心已經一千個一萬個願意分心愛的狗狗吃一口，也要先要求牠做一些基本的服從指令，『來』也好，『坐下』也行，能『趴下』或是『等一等』就更棒了，再簡單都沒關係，但一定要有口令有動作之後才有獎勵，這樣人狗之間的主從關係才不會出問題。

49

為什麼狗狗會吃便便？

狗狗吃大便，有以下幾種原因：

一、營養因素

食物通過狗狗的消化道（從嘴巴到肛門），其中的營養成分不一定全部被吸收完畢，因此當狗狗不容易獲得食物的時候，會把大便再吃進去，重複到不能再吸收利用為止，這也是為什麼流浪狗的大便會變成灰白色。而如果食物營養不均衡，例如缺少某些維生素礦物質的時候，狗狗也會為了能從大便中得到而吃大便。活命要緊，好像不能太苛責狗狗。

二、心理因素

狗狗吃大便這種行為，肯定會讓主人驚聲尖叫，因此狗狗原本不覺得吃大便是什麼大事，幾次下來會發現，這是吸引主人注意的好方法，只要吃大便，主人就會大叫狗狗的名字，還會跑到狗狗身邊，主人是生氣責罵要阻止，但對狗狗來說卻是得到主人關注的獎勵，往後就算肚子不餓不缺食物，也會樂此不疲地吃大便。

三、湮滅證據

如果主人採用上錯廁所就打罵的處罰方式，幫幼犬進行定點大小便訓練，小狗狗幼小的心靈並不一定能明白。主人要教的是這個地方不能上廁所，反而會覺得：「平常對我很好的主人，一看到大便，就變得又兇又可怕。那只要主人、我、大便，三個不要同時存在，主人就不會打我罵我了！」於是變成偷偷摸摸背著主人大便，希望主人不要看到，甚至乾脆把大便吃掉，湮滅證據。

如何正確而順利地訓練狗狗定點大小便，請參考第88頁「希望狗狗能定點上廁所要怎麼教」？

50

為什麼我家狗狗一大早就會吵著要吃飯？

狗狗其實跟小孩子很像，基本的需求就是吃，而表達需求最直接的方法就是發出聲音（小孩子哭，小狗叫），直到有大人注意到並且滿足他們的需求為止。

如果你不希望牠每天叫你起床，就千萬不要在牠叫的時候起床餵牠吃飯，不然，他們學到的是：「只要我叫，就會有飯吃；如果還沒得吃，那就要繼續努力叫！」

Column

狗狗一大早就吵鬧要怎麼辦？

已經養成這個壞習慣想要糾正的話，請準備一串廢鑰匙，或是鋁罐裡面裝些金屬片封好，放在隨手可得的地方，早上當狗狗一叫，就丟到牠附近，請注意千萬不要打到牠喔！

這樣做會發出很大的聲音，而牠們會被轉移注意力而停止吠叫，這時候你要把握住牠不叫的時候餵牠，讓牠學會：乖乖不叫的時候有飯吃。堅持一段時間，把之前的習慣重新更正，這樣你就可以好好睡了。

51

為什麼我家的狗愛亂咬東西？

啃咬動作對狗狗來說其實是很重要的，狗狗小時候長牙需要靠咬來磨磨發癢的牙床，而且可以讓狗狗的牙齒更有力，對將來狩獵食物討生活很有幫助；長大之後需要靠咬來排遣寂寞無聊的時光，咬東西可以幫狗狗穩定情緒、紓解壓力、放鬆身心。這種需求其實跟我們辛苦工作一整天之後，回家癱在沙發上看電視一樣重要，所以提供適當的啃咬物給狗狗是必要的。

Column
要怎麼避免狗狗亂咬破壞家具？

小時候可以將狗狗限制在小範圍的區域，例如籠子或是圍欄，採用堅壁清野的策略讓牠沒有不該咬的東西可以咬；另外提供牠可以咬的玩具或是耐咬零食，陪牠一起玩，鼓勵牠多去玩這些可以咬的東西；主人出門沒有人陪伴的時候還可以開點收音機的聲音讓狗狗有安全感。最重要的是，主人每天都要充分地跟狗狗互動，提供狗狗足夠的運動來發洩精力，並且進行適當的服從訓練，這樣就不會養出一隻愛搞破壞的小惡魔囉！

52

為什麼狗狗會咬我的腳後跟？

狗狗咬人的腳後跟，有幾種不同的模式：

躲在家具旁或是角落裡，突然衝出來咬一下：這是因為狗狗會在跟同伴遊戲中，練習狩獵本能，包括潛伏守候、快速衝刺、撲擊獵物等動作，而對小狗來說，主人移動中的腳後跟，既可以模擬成移動中的獵物，高度也恰當，所以就成了狩獵遊戲的好對象。

一邊咬腳跟，一邊繞圈圈：原本被培育成畜牧犬的工作犬種，像是牧羊用的邊境牧羊犬、或是牧牛用的威爾斯柯基犬，會一邊咬腳跟，一邊繞圈圈跑，把所有的家人趕成一圈，只要有誰想走開就會被咬腳跟趕回來，這是因為牠們的牧牛羊的

天賦沒得發揮，所以只好把主人當牛羊來列管一下。聽起來很好笑，但實際被咬的人卻很慘，美國甚至有主人花錢租一群羊，只是為了給他的牧羊犬滿足一下牧羊的工作本能！所以說，這些狗不是不能養，但請事先想清楚，你的生活型態適不適合，絕不是隨隨便便就能養的喔！

偷襲：比較沒自信或是體型比較矮小的狗狗，在決定採取攻擊行動時，可能會迴避正面宣戰的方法，而用背後偷襲的方式咬人或狗的腳跟，一擊就跑。想避免被攻擊，要小心注意莫要隨便侵犯到狗狗的領域。

Column

給狗狗的獎勵&處罰

不管是獎勵還是處罰，都要在狗狗的行為發生後的5秒鐘內執行。因為小狗的聯想能力有限，如果時間太久才有獎勵或處罰，小狗會無法了解為什麼受罰受獎勵，也就達不到教育的功能。

1) 獎勵：好吃的食物、口頭稱讚和親愛撫摸等等。

當狗對你的指令（刺激）有好的表現（反應）時，給予獎勵（正向增強物），可以鼓勵牠持續做出好的反應。

2) 處罰：口頭制止、忽視、發出巨響等等。

當狗對某些因素（刺激）作出錯誤的表現（反應）時，你給予懲罰，狗厭惡被罰，為了避免懲罰進而壓抑錯誤的行為。但絕不建議使用體罰。

請注意：巧克力、葡萄、葡萄乾、洋蔥等是人類常吃但是對狗狗有毒的食品，不可以用來當獎勵。

53

為什麼我家的小狗老愛咬我的手？

　　小狗在出生三周齡的時候，開始長牙，而四到七月齡的時候，乳牙會換掉而長出恆久齒。在這些長牙換牙的時候，牙床會發癢，因此會很愛咬東西。而小狗並不會區分什麼能咬什麼不該咬，因此小狗會咬玩具、咬鞋子、咬家具、還會咬主人，而其中尤其以咬主人最有趣，因為：一、主人的手常常在牠眼前晃來晃去，二、主人肉肉的手軟硬適中很好咬，三、而且主人還會有反應，會做出動作（閃躲、阻擋）或是發出聲音（斥罵、慘叫）；實在比其他東西要好玩的多，所以小狗當然會很愛咬主人的手。

要怎麼糾正狗狗咬人的習慣？

狗狗天生會有追擊快速移動物體的狩獵本能，用手在狗狗眼前晃來晃去逗弄牠，牠一定會很本能地想要咬住你的手，因此想要擁有一隻不咬主人的好狗，千萬不要做這類的動作去引發牠咬的慾望，進而養成咬人的壞習慣。

不要因為狗狗還小，咬起來不太痛，你就忍耐著由著牠咬，這樣下去你一定會後悔，小狗會長大，力量會越來越大，牙齒也會越來越利，總有一天會咬得你很痛，甚至見血，這時候才要來阻止牠咬你，需要花更多的時間，而且狗狗會很困惑：「為什麼以前可以現在不行？」牠可不知道怎麼區分：輕輕咬可以，重重咬不行；所以，當小狗咬人你就要糾正牠，不行的動作就是不行，沒得商量。

而當狗狗已經咬人的時候，糾正的原則就是：讓牠覺得這個遊戲很難玩，牠自然就會停止。當狗狗咬手的時候，可以立刻把手指頭深入小狗的喉嚨，深到會引發牠的嘔吐反射，每次牠咬你的手都會出現這種要吐的不舒服感覺，牠就不會咬你。若是咬在手臂或是腳上，就立刻把牠關到其他房間隔離三分鐘，讓牠沒有主人的關注，也沒有玩伴可以玩，這樣牠也會覺得很糟糕，自然就不會再咬人。

請記住，不用打，也不要罵，不然小狗會誤以為那是你的回應，反而玩得更開心、咬得更激烈；也不需要隔離很久，三分鐘就夠了，免得引發另一種分離焦慮；但是每次都要堅持，一咬，就糾正，不然讓牠得逞以後，就得要花更多的時間才能糾正回來。

54

為什麼狗狗會舉手？

　　這個動作描述的是狗狗舉起一隻前掌，看起來非常可愛的一個小動作；但是要注意，跟表示強勢的搭掌區分一下，這個動作並沒有把前掌搭在主人或其他狗狗身上，單純就只是舉高而已。

　　這其實是狗狗表示服從的前置動作，接著就是準備要翻過身子躺到地上了，因此，當狗狗緊張、害怕、或是希望引起領導者注意的時候，在翻出肚皮之前，會先做出舉手的動作。

為什麼狗狗會用鼻子頂主人？

狗狗有個很可愛的動作，是用涼涼的鼻子輕輕碰觸主人的手或腳，很撒嬌的動作。

這是模仿幼犬的動作，剛出生的小狗狗，什麼都不會，只懂吃跟睡，而口鼻推擠的動作，可以尋找狗媽媽的乳頭、按摩乳房，讓乳汁流出來吃個飽；長大一點之後，小狗狗也會用同樣的動作碰觸狗媽媽的臉頰，這跟舔媽媽的臉一樣，都是要提醒狗媽媽吐一點食物來餵小狗。因此當成犬模仿幼犬做出這個動作時，也是社交溝通的一種訊號，表示承認對方的優勢地位，而且希望對方能照顧自己需求。所以當狗狗跟主人互動的時候，特別是狗狗有所要求的時候，也會用鼻子輕輕推主人一下，表示說：「老大，我想吃點東西。」、「我們出去散個步吧！」、「摸摸我疼疼我好不好？」、「注意我一下！」等等希望主人關注的意思。

為什麼我的狗狗會到處亂大小便？

　　每隻小狗的個性都各有牠的特色，有的小狗愛乾淨，有的就比較隨性，但是基本上，牠們都會挑選大小便的地方（以下簡稱廁所），只是狗狗的選擇並不一定符合主人的希望，於是才會被誤認為亂大小便。

　　狗狗剛出生的時候，肌肉神經還在發育中，一開始並不能控制排便排尿的動作，這

時候是靠狗媽媽的舌頭舔舐來保持清潔；大一點之後，小狗開始有行動能力，就會挑選自己的廁所，原則上牠們會挑一個離睡覺吃飯有一點距離的地方當廁所，不過當年紀還小的時候，常常會來不及跑到廁所就開始方便；慢慢地，越長越大以後，控制肌肉的能力越來越好，上廁所的準確度也就會越來越高，當八周半左右，小狗會記住排便排尿時，四隻腳踩著的質材是什麼樣的觸感，是報紙、瓷磚、還是草地等等，認定這是『馬桶』，之後就會到牠的馬桶大小便。

　　性成熟之後，公狗為了要增加交配的機會，會儘可能到處做記號，東尿一點，西尿一點，絕對不一次痛快尿乾淨，這樣才能讓附近的狗美女們知道：「嘿，這裡有帥哥。」這是出於生殖賀爾蒙的驅迫，所以不能責怪狗狗，要防治的方法，是在一歲左右就進行絕育手術，年紀越大才結紮，效果就越有限。

希望狗狗能定點上廁所要怎麼教？

　　要教會狗狗定點上廁所，需要主人學會抓到狗狗上廁所的時機，知道得越準確，小狗學得就越快。通常在剛睡醒、吃飽飯後，是狗狗會要大小便的時間，另外，玩耍一陣子之後，小狗狗開始聞地板轉圈圈，也是要上廁所的訊號。這時候主人可以把狗狗帶到預定地（你希望牠固定上廁所的地方），當牠在正確的地方一上完廁所，就立刻充分地稱讚牠、撫摸牠、甚至給一小口零食獎勵牠，讓牠知道牠做了一件很棒的事，強化牠到這地方上廁所的意願。

　　一開始小狗難免會有錯誤，不管你是看到現行犯還是事後才發覺，這時候請調適好你的心情，當作沒事雲淡風清地把便尿收拾掉就算了，千萬不要處罰牠，不然只會造成牠躲著你上廁所的恐懼心理，以後更難教會牠正確大小便。（請參考77頁）

　　在牠正確上廁所的時候大大地獎勵牠，你高興牠也愉快，而且上廁

　　所正確率也會慢慢的提升，從百分之二十，五十，七十，最後一定能百分之百成功。另外，建議在狗狗上廁所的時候，在旁邊給指令，例如尿尿時說：「尿尿。」便便時候說：「便便。」一段時間之後，狗狗會把你的指令跟他的動作連結在一起，那麼之後要換馬桶（搬家或者要出門去玩的時候），狗狗可以快速地知道，你為牠挑選的廁所在哪裡；也可以在你希望他上廁所的時間就叫牠先上，以免等會兒不方便排泄要憋得很辛苦。

　　狗狗在家裡最好隨時都能上廁所，不然一天至少要能上三次，有些主人會很得意地說，他家狗狗很乖，如果主人沒空帶牠出門，一整天沒得尿尿也會忍住；但這其實是很不健康的習慣，長久之後極可能會造成膀胱炎、血尿、結石等等泌尿系統的問題，若是腎功能受到傷害，到時候後悔就來不及了。

57

為什麼狗狗愛擠在我旁邊？

有的主人並不禁止狗狗上沙發，於是狗狗會自動跳上沙發倚靠在主人的身旁，小型狗還不算什麼，如果是很有體重份量的大型狗這麼擠著挨著，主人可能就會受不了而換個位置坐，但是往往主人一換位子，狗狗也跟著再繼續擠過來，搞得主人不勝其煩。

其實這個動作也容易被誤會，主人會誤以為狗狗是愛撒嬌太黏人，事實上，這卻是強勢支配動作的溫柔版本。

地位尊崇的狗老大，在狗群裡是可以為所欲為，有食物先吃，有母狗發情先交配，而且想待在哪裡都行，其他狗狗都得乖乖讓開，如果有狗擋路，牠會直接用肩膀衝撞，

把那隻不識相的狗撞開；因此，當狗狗使用肩膀碰撞衝撞的動作，是一個強力有自信的宣告：「我是老大，通通聽我的。」而被碰撞的狗狗，不管是被撞開還是自己乖乖閃開，讓開的回應就表示：「是，你是老大，我閃。」

而『衝撞』的變化版本，就是變成比較細膩溫柔的『倚靠』，想要宣示強勢主導地位的狗狗，會走到另一隻狗身邊，把全身重量靠在對方身上，如果被壓制的狗狗承認牠的領導地位，就會稍微挪開位置；這樣的變化，是為了方便狗狗之間的溝通，沒必要每次都大陣仗地衝來撞去，以免引發衝突。

回到狗狗靠著主人的情況，如果狗狗試圖挑戰主人，一開始也會採用這種溫和手段來駕馭主人，萬一主人沒有及時察覺狗狗的企圖，也沒有正確解讀狗狗的溝通訊號，誤以為狗狗只是愛撒嬌，每次都把位置讓給狗狗，一段時間之後，狗狗以為主人臣服於牠，就會用更強烈的方法來確認位階，例如不聽命令、甚至做出具攻擊性的動作。

等到狗狗已經會攻擊家人時，主人只能在1.忍耐、2.帶狗狗看行為治療專科醫師進行矯正、3.棄養、4.安樂死這幾種方案中選擇，因為主人不能負起領導責任而讓狗狗落到這種情境，事實上，那狗狗其實很無辜。預防勝於治療，及早確認人狗之間主從位階，是很重要的基本功課。請記得：一開始就要在日常生活的每一次互動中，贏得狗狗的尊敬，讓狗狗有個值得付出忠心的老大。

58

為什麼有的狗狗喜歡讓人抱，有的卻不喜歡？

　　長期以來，因為人類不同的用途需求，狗狗已經被培育成為各式各樣的品種，不但外觀上身材大小、長相、毛色有很大的差異，連內在的個性與工作能力等等也大不相同，所以有的狗狗跟人親近喜歡給人抱，有的就沒那麼愛。

　　玩賞犬類的小型犬，像是瑪爾濟斯、博美、約克夏、吉娃娃等等，因為已經有好幾百年都是當居家伴侶犬，因此在培育上會特別選擇個性是比較容易跟人親近的品系。而工作犬或是牧羊犬類的大型狗，因為要保持獨立的個性，所以會比較有「狼性」，獨立

自主不親人，甚至像是哈士奇這種雪橇犬，在雪地裡必須要自己判斷做決定往那邊走（等人看清楚路況就來不及了），因此性格上就更不容易服從。

而狗狗在社會化時期（3～14周齡）之間，如果缺乏某些的經驗，長大後就比較不能接受相關事物，因此如果在那段期間內，很少跟人類接觸的狗狗，長大後常常會對人有疏離感，不容易建立親密關係。

Column

希望狗狗也能享受主人的擁抱要怎麼做？

雖然說狗狗的個性天生隻隻不同，而小時候的社會化黃金時期主人也不一定能參與到，不過不管是從什麼時候開始，養什麼樣的狗，還是可以跟牠建立良好的親密關係。

首先，建立信任是很重要的，讓小狗相信主人是好的、會提供食物、溫暖的家、不會傷害牠，牠才能相信主人，在教養過程中，當然需要教導小狗規矩，但是只要態度溫和立場堅定，小狗就能知道對錯，並不需要或打或罵讓牠心懷恐懼，更不要故意捉弄小狗，連到你身旁都要擔心會被欺負的話，再和善的狗都不願意靠近你。有了基本的信任之後，可以開始短暫地抱抱牠，同時給牠獎勵（稱讚、撫摸、一點點好吃的零食），從短短的幾秒鐘開始，最好是在小狗不耐煩之前就放牠走，絕對不要在牠奮力掙扎的時候放開牠，不然牠只會學會：只要我不喜歡，反抗到底就對了。等牠能放鬆享受之後，再慢慢把時間拉長，漸漸地小狗一定能越來越喜歡你的擁抱與觸摸，甚至會主動跑來撒嬌，希望你抱抱牠摸摸牠。

59

為什麼狗狗喜歡躲在桌椅下面？

狗狗是穴居動物，牠們本能地會找一個洞穴當作是秘密基地，作為躲藏、休息、哺育寶寶的場所，可以減低被天敵發現的可能性，而被攻擊時，也比較容易防守，不會落入四面皆敵的慘局。而跟人類一起享受城市文明生活的現代狗狗，沒有洞穴可以躲，就改成躲在類似洞穴的位置，因此，家裡桌椅下面的空間，就可以提供狗狗躲藏的所在。缺乏安全感或是比較敏感容易緊張的狗狗，比較容易出現躲藏的動作；處在令狗狗焦慮不安的情境時，例如上醫院或是第一次到陌生的地方，狗狗也會本能地找掩蔽。

當狗狗躲在桌椅下面時，請不要試圖去把牠拉出來，牠是因為緊張不安所以躲起來，硬要拉牠出來，只會讓牠更緊張，逼得狗急跳牆時，狗狗可能會咬人。先安撫牠，再用玩具或食物把牠吸引出來，會是比較妥當的處置方式。

60

為什麼主人才到巷口狗狗就知道主人回家了？

對狗狗來說，聲音是進行遠距離溝通時很重要的工具，因此狗狗的聽覺發展得比人類敏銳多了。牠們有精確的肌肉控制大型的外耳殼，可以微細移動，準確地鎖定聲音的來源位置；內耳部分牠們還有大型的鼓室，可以當做共振腔來放大聲音，藉由這些高度特殊化的配備，狗狗可以聽得更多、更遠。

一個音源發出的聲音，如果人類在6公尺處剛剛好聽得見，那麼狗狗在25公尺遠就聽到了；而且人類的聽覺範圍是20～20000Hz，狗狗卻能聽到20～65000Hz的範圍，因此人類無法區分或定義的模糊聲音，狗狗不但大老遠就聽到了，而且能清楚分辨每個人的腳步聲不同、每台車的引擎聲不同，認出這聲音是不是屬於主人。

chapter④
溝通服從

61

為什麼狗狗會用前掌搭在人身上（握手）？

因為人跟狗的定義不同，所以握手其實是一種常被誤會的動作。對人類而言，握手表示友善，所以會覺得狗狗主動跟人握手很可愛；事實上，對狗狗而言，這是表達主宰意味的動作語言。當狗狗把前掌搭在主人身上（手上或是膝蓋上）的時候，牠其實是在用狗狗的語言說：「嘿，我比你強，聽我的。」

因此，強烈建議大家不要在一開始就教小狗握手的指令動作，這樣會助長小狗強勢的心理，變相鼓勵牠爭取高位階；握手換手的可愛動作大可以等基本服從訓練完成後再來教，屆時小狗還是可以很快學會，表現得讓主人很滿意，也不會造成牠心理上的錯亂：「到底是要我乖還是要我不聽話呢？」

不過要注意區別另一種動作，如果狗狗是拍主人前面的空氣，或是把頭放在主人的手掌手臂下方，那只是希望得到注意而已，而不是要比大小。

62

為什麼狗狗會撲跳到主人身上？

　　狗狗最常在主人回家的時候，企圖跳到主人身上，這種跳躍的意義是，牠想要碰碰主人的鼻子，表示歡迎；但是面對兩隻腳的狗狗（主人啦），想要碰鼻子還真是不容易，所以狗狗只好努力一直跳一直跳。

Column

改掉撲人的壞習慣

　　當狗狗熱切地表達牠的歡迎之意時，牠才不管你身上穿的是休閒服還是名貴的禮服，這樣的熱情不免會造成主人的困擾，所以適當的服從訓練是很重要的。對於一隻練習良好的狗狗，這時候就可以用坐下的指令，再撫摸稱讚牠的表現，彎下腰去讓牠容易碰觸你的鼻子，既可以滿足狗狗的問候之意，也可以保全你正式的衣服。

63

為什麼公狗也會騎公狗？

騎乘動作其實不完全跟『性』有關，除了發生在交配的時候（這時候一定是公狗騎母狗），更常見的是在狗狗之間確認社會地位的時候。我們可以觀察到，早在小狗剛學會走路後不久，就開始出現跨騎動作了，這時候離青春期（性成熟，六到十二個月齡）還早得很，因此這種行為具備的是社交意義，跟性無關。

小狗在遊戲的時候，藉由跨騎的動作，來了解自己的體能狀況跟社交地位，越強壯的小狗越容易跨騎在比較瘦弱的兄弟姊妹身上，來展示牠優越的領導地位。這種行為會一直持續到成年以後，一樣代表著強勢、控制、支配，跟性無關，所以同時適用在公狗和母狗。因此當你看到公狗騎在公狗身上，這並不是什麼同性戀的性交行為，只是騎在上方的狗狗在表達：「我是老大，聽我的！」母狗也可以用同樣的跨騎動作來宣示牠的地位，並不是什麼性別錯亂的問題。

64

為什麼公狗結紮了以後還是會去騎別隻狗狗？

結紮只能減少騎乘動作，但不能完全阻止。

正因為騎乘動作最常見的目的，是社交上的地位確認而不是性交，因此閹割公狗，只能藉由消除性賀爾蒙來阻止因為性慾而引發的騎乘，以及減少公狗的主宰慾望而減少騎乘行為。但是結紮並不會改變狗狗的基本特質跟性格，所以一隻主動積極、企圖心強烈的狗，還是會喜歡領導地位，還是會去騎別隻狗狗。

而且，結紮時的年紀越大，影響的程度越小，有過性經驗的公狗在結紮後還是會對發情母狗有興趣，陰莖也可能出現勃起，但是因為結紮後不再製造精子，所以這一切只是白忙一場，是不可能讓母狗受孕的。

65

為什麼狗狗會抱著人的小腿一直騎？

狗狗也會企圖騎在人身上，這對許多主人來說是很難看的動作，尤其是在有客人的時候。現在我們已經知道，跨騎動作最常表示的是強勢的宣告，因此當狗狗抓著主人的腳做出腰部推擠動作的時候，牠既不是在說「我愛你」，也不是「我好想嘿咻」，牠其實是在試探看看能不能把你踩在腳下，要你聽從牠。

如何制止跨騎人的行為

　　既然跨騎動作是高位階主導權的象徵，因此要阻止跨騎動作，需要主人表現出領導權威。

　　主人要展現領導權最簡單的方式，就是讓狗狗學會基本的服從訓練，很多人很訝異地發現，只要狗狗參加基本服從訓練的課程之後，很快地就不再出現騎乘行為，這是因為服從訓練的基本精神就是要狗狗聽從主人的話，當主人表現出領導者風範，狗狗跨騎主人的行為自動會消失，狗是不會騎在領導者身上的。

　　但是當體型嬌小個性溫和的主人遇上體型壯碩個性強勢的狗狗，例如嬌弱女性與哈士奇公狗的組合，主人的領導地位不容易建立時，這種行為很難杜絕，這時候，應對的方法是，停止社交。對狗狗來說，肢體接觸和主人的關注都是非常棒的獎勵，因此當狗狗試圖要騎在主人、小孩子、訪客、或是任何人身上時，就把牠帶到一個安靜的房間關禁閉三分鐘。不需要打罵，只要每次狗狗一做出騎乘動作就隔離牠三分鐘，也不需要隔離很久，只要三分鐘，之後就讓牠跟人重新接觸。堅持執行這樣的做法，狗狗的跨騎動作一定會越來越少，終於完全停止。

66

為什麼狗狗會騎在抱枕上？

這是一種替代行為，當狗狗發現一起生活的主人或是其他狗狗不容易被牠佔便宜的時候，狗狗會去找其他好控制的對象，因此不會反抗的抱枕或是被子等等物體，就成了狗狗的好選擇。

解決的方法很簡單，不管狗狗騎什麼東西，就把那東西收掉，或是隔開狗狗讓牠接觸不到。當周圍沒有狗狗可以宰制的對象，這種表達主導的溝通方式就一點用都沒有，久而久之，狗狗自然就不會再白費工夫地作出騎乘動作。

67

為什麼狗狗碰到某個人就會亂尿尿？

有的狗狗會在遇到主人的時候，蹲低低的或是翻過身子躺在地上尿出一點尿，造成家中環境及小狗身上髒髒臭臭難以清理，令主人極度抓狂。其實這是一個溝通不良造成的誤會，主人認定小狗惡意搗蛋或是不受教，但事實上，這時候小狗表達的是：「我很順從你，甚至是敬畏你。你看，我只是一隻無害的小狗狗。」

當狗狗感到恐懼害怕的時候，會盡量讓自己看起來渺小無威脅，此時牠們會低伏在地板上、把自己縮成小小一團、或是躺在地上翻出肚子、最極致的表現就是灑一點尿出來，因此當你看到家中寶貝對你做出這些動作的時候，請不要再誤會牠是要洩憤或是找你麻煩。而要改善這種情形的方法是，先當作沒看到走開去，一會兒再跟小狗打招呼並收拾乾淨，同時請檢討一下，是不是對小狗太兇太嚴厲了，導致牠對你敬畏到不行。

68

為什麼母狗也會抬腳尿尿？

　　雖然通常看到的是公狗抬腳尿尿，但是看到母狗抬腳尿尿也不是什麼奇怪的事情。是不是要抬腳尿尿，決定於狗狗本身的自信程度，越是強勢性格的母狗，就越有可能抬起腳來尿尿。

　　結紮過後的母狗比較少出現這樣的動作，但是很強勢性格的母狗結紮後偶而還是會這麼做。

　　而沒有結紮的母狗，在發情時期，更容易出現抬腳尿尿的行為，好讓味道流傳得更明顯。

 表示此題解答在動物行為領域尚未有定論，或僅為作者的個人意見

69

為什麼狗狗會偷桌上的東西吃？

狗狗天生是機會主義者，為了生存，牠們會把找到的食物都儘可能吃進肚子裡去。家裡的狗狗只要有本事，牠一定會想盡辦法進廚房或是上餐桌去偷吃，而每一次偷吃成功的獎勵（吃到好吃的食物），會更強化這個壞習慣，最後就變成一隻小偷狗。

Column

如何糾正偷吃的壞習慣？

一開始不要在狗狗碰得到的地方放誘人的食物，不然主人要負誘導犯罪的責任。千萬不能因為牠想吃就給牠吃，不管是用淚眼汪汪的眼神攻勢、或是抓抓你、或是對你叫，就心軟把桌上或是手邊的食物分給牠吃，這樣只會養成狗狗操控主人任性妄為的心態。

正確的進餐禮儀是：主人先吃，吃完才換狗狗吃，而當每次餵狗狗吃飯都時候都要要求牠坐下，讓牠知道必須經過主人的允許才能吃東西。這樣養成良好規矩的狗狗，就不會趁主人不在的時候偷東西吃了。

70

為什麼狗狗出門一放開鍊子就亂跑，怎麼都叫不回來？

狗狗喜歡出門玩，興奮起來就會又衝又跳，而平常隨心所欲任性慣了的狗狗，更會因為興奮就四處亂竄，完全不理會主人。

狗狗跟主人到草地痛快玩耍過要回家的時候，能乖乖地叫得回來帶上鍊子回家，這種幸福美好的畫面是有可能發生的，前提是狗狗需要經過良好的教導。

教狗狗『來』的指令，鼓勵狗狗靠近你，當狗狗跑到你身邊的時候，獎勵牠一下，給牠吃點好吃的小零食或是拿玩具跟牠玩一玩，讓牠喜歡回你身邊。在家裡練習成功之後，帶著能伸縮的牽繩出門練習，當狗狗不管在什麼時候都可以叫來就來，再把牽繩放

開。

　『來』的指令是信任的基礎，狗狗相信到你身邊會有好事發生，所以願意過來，因此每一次叫狗狗來而牠也過來的時候，一定要獎勵牠，不能因為覺得牠已經會了就忽略該有的獎勵。千萬不要叫牠來打、叫牠來罵，不然下回你試試看，牠肯定會用畏懼的眼光看著你而不敢過來。

Column

狗狗叫不回來怎麼辦？

　當狗狗叫不回來的時候，你會發現，牠其實不會跑太遠，而是隔一段距離看看你的反應，這時候如果你想要把牠追回來，牠會以為你在跟牠玩耍而越跑越遠。比較有效的方法是，站住不動叫狗狗的名字，確定狗狗有聽到，注意看著你的時候，轉身往反方向走，這樣狗狗反而會自己跑過來，當狗狗跑到你身邊的時候，記得獎勵牠一下，不要罵牠或是立刻把牠鏈起來，不愉快的經驗只會讓牠下次跑更遠更加不想回來──正確的鼓勵才是狗狗越來越聽話的動力。

71

有些主人會很哀怨的表示：為什麼我每天辛苦工作賺錢回家，給狗狗買吃買喝還買各種衣服零食跟玩具，累得要命還是努力地抱牠陪牠直到狗狗玩到高興為止，狗狗卻不聽話？家裡最兇的爸爸，從來不餵牠吃也不陪牠玩，但是老爸只要哼一聲，狗狗就乖得跟什麼似的，真是太不公平了！

狗狗不是會感恩圖報的動物，相反地，牠們是標準的機會主義者，在位階不明確之前，生活中的每一分每一秒，跟家人還有其

他狗狗每一次的互動，都是在用各種方法排位階比大小，只要有機會，牠們就不會客氣往上爬，因此，對狗狗最好的主人不一定能贏得狗狗的尊敬，晶片登記證上的主人也不一定是狗狗心目中的老大，如果主人不能表現出領導者該有的風範，教導狗狗該有的規矩與禮貌，只會一味地對狗狗好，滿足牠每一個要求，反而會讓狗狗覺得：你的位階是在牠之下，所以要這麼努力地討好牠！慘吧？這種情況下，狗狗怎麼會看得起主人？

狗狗的尊敬，是需要主人去贏得的，領導者要有領導者的樣子，吃飯要先吃，出門要先走，平常充分練習，任何時候都能要求狗狗做出基本服從指令，一切狀況都由領導者做決定，這樣狗狗有個值得尊敬的老大，不管在任何情況中都能安心。相反地，如果主人任由狗狗予取予求，要什麼有什麼，狗狗在家中作威作福慣了，出去到牠無法掌握的陌生環境就會嚇壞，因為牠心中沒有個強而有力的老大讓牠依靠。

Column

什麼是基本服從訓練？

基本服從訓練包括──過來、坐下、趴下、等一等（時間性、距離性）、跟著走六項指令。

其中過來是信任的基礎；

坐下、趴下是服從與位階的確認；

而等一等（時間性、距離性）可以增加狗狗的穩定度；

想要享受蹓狗的樂趣需要讓狗狗學會跟著走。

為什麼主人一出門，狗狗就亂叫？

　　狗狗是社群性的動物，很需要同伴，在原始生活中，狗狗需要靠著團結力量大來打獵覓食求生存，落單就意味著危險，會沒有東西吃，甚至會被當成食物吃掉，因此一直到現在，牠們還是不太能忍受孤單寂寞的感覺。

　　當主人出門留狗狗自個兒在家時，落單的狗狗很有可能就會開始鬼哭神嚎，牠不一定是因為內心悲傷在哭，而是在表達：「我在這裡，你們在哪裡？」希望藉著聲音來傳達自己所在的位置，好跟失散的狗群重新集合。這種傾向在米格魯這類〝群獵犬〞身上特別明顯。

　　雖然說這是狗狗的自然行為，而且當初是攸關生死的重要行為，但是在現代都市生活中，實在很難要求你的鄰居體諒接受；而被狗叫聲搞得精神耗弱的鄰居貼紙條抗議，甚至環保局上門稽查時，主人也會很為難，結果造成很多可愛的米格魯因此被送給鄉下親

戚甚至流落街頭。

強烈建議，養狗狗之前要先考慮自己的生活型態以及運動習慣，再選擇適當的品種，以免一見鍾情衝動購買之後，沒有足夠的能力教養狗狗，反而變成生命中不可承受的惡夢。請永遠記得，狗狗一生是否能幸福，只在你一念之間。

Column

要怎麼避免狗狗因為分離焦慮而亂叫？

這類行為能預防最好先預防，不然等鄰居已經失去耐性的時候，不見得願意再給你多少時間來糾正狗狗。

主人出門沒有人陪伴的時候，提供好玩的玩具或是裡面能塞零食的耐咬玩具，這些平常要收起來，只有主人要出門前才拿出來陪牠玩一下，塑造出這個玩具是非常棒非常珍貴的形象，以免牠不希罕；還可以開點收音機的聲音讓狗狗有安全感，假裝好像有同伴；必要時也可以再養一隻狗，讓牠們真的有伴；當然充分的運動以及服從訓練也是不可或缺的！

而當狗狗已經會亂叫的話，要糾正的方法是做分離的練習，主人假裝要出門，換衣服拿鑰匙什麼都要裝到十足像，出門前像上一段說的一樣，給狗狗玩具陪牠玩一下下、開收音機等等，接著出門去，一秒鐘就進門來，因為時間很短，狗狗通常還來不及開始鬼叫，進門之後主人要表現得像是從一個房間到另一個房間一樣自然，不需要特別熱烈地跟狗狗打招呼，讓狗狗也覺得這是沒什麼大不了的事；一天練習個一兩次，持續幾天之後，出門的時間就可以從一秒鐘拉長到兩秒鐘、三秒鐘…半分鐘、一分鐘、五分鐘、十分鐘、半小時、一小時、兩小時，讓狗狗知道並且相信，主人出門是會回來的，不需要狂叫主人也是會回來，漸漸地習慣越來越長的分離時間，也可以冷靜地等候主人再度出現。

73

為什麼我跟狗狗講話的時候，牠都不專心看我？

　　有的主人會抱怨狗狗不受教，當他在訓話的時候，狗狗居然眼神游移不肯專心聽訓！這真是天大的誤會啊，對狗狗來說，不跟高位階的狗狗眼神對看是一種禮貌，是服從的表現，相對的，膽敢眼神對視才是挑釁的行為。所以當你在訓斥小狗，而牠飄開眼神的時候，牠已經是用狗狗的話在告訴你：「是的，老大，我怕你。」可別因為誤會而讓自己更生氣喔！

Column

要怎麼讓狗狗喜歡看著我的眼睛？

因為眼光對視對狗狗來說是很威脅很挑釁的動作，所以如果你希望跟你的狗寶貝能含情脈脈地對看，或是希望牠能專心看著你的眼睛等待你的指示，會需要一些技巧。

在進行服從訓練的時候，常常會有食物獎勵的時刻，你可以把握這個時刻，鼓勵狗狗跟你眼神交會，蹲在狗狗前面，給牠看看獎勵用的好吃小點心，然後再把食物移高到自己面前，狗狗的視線自然會隨著食物看到你，這時候要用溫和堅定的眼神看牠（千萬不要用凶狠威脅的眼光讓牠害怕，相信我，牠真的能感覺到你心裡是怎麼想的），當你發出指令狗狗做出動作之後，立刻把獎勵給牠吃，久而久之，狗狗會把看著你跟吃到好東西的愉快感覺連結在一起，就會喜歡並且習慣看著你，等著你跟牠的美好互動。

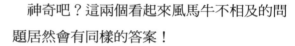

74

為什麼狗狗會挖地？

為什麼狗狗會打翻飯碗？

75

神奇吧？這兩個看起來風馬牛不相及的問題居然會有同樣的答案！

生活在大自然裡的狗狗，討生活並不容易，當偶而出現食物過剩的情況時，也不能浪費，這時牠們會挖洞把多餘的食物藏起來，以備不時之需，不過，牠們不一定記得正確的地點就是了。

而在現代生活中，狗狗接觸到的多半是牠們挖不動的水泥、瓷磚等質材，所以牠們只能做出挖洞的動作，沒辦法真的挖出洞來埋

食物，這時候還會出現，牠們用嘴吻部低頭揚起，把想像中的土堆往前推進，蓋住想要埋的東西，有時候也會用毛巾或是墊布當作泥土的替代品，把食物埋起來。

當狗狗要處理目前還不想吃的食物，就會有用嘴巴推土的這種假動作，所以挑嘴不吃飯的狗狗也會因此把碗頂翻。這，其實是挖洞的延伸動作。

 表示此題解答在動物行為領域尚未有定論，或僅為作者的個人意見

76

為什麼我的小狗那麼不受教，被處罰過又會再犯？

這種問題會發生在各式各樣的小狗行為問題上，包括破壞家具、亂叫、咬人等等，但是最常見的還是關於大小便的問題，以下用排泄作為例子，讀者可以自行代換其他狀況。

獸醫師常常會聽到這樣的抱怨：「我下班一回家，看到滿地大小便，忍不住就一肚子火，上班一整天已經夠累了，回家還要清半天，已經教過牠很多次了，每次牠亂大小便，就會把牠抓到大小便前面，跟牠說不可以，牠明明也知道不可以，每次都會一副做錯事的表情，可是怎麼還是教也教不會，打也打不怕？」

主人滿腹委屈，但是狗狗其實也很無辜，教導無效的原因，有以下幾種：

一、時機不對：狗狗的學習連結，必須在短時間內才有效，因此不管是獎勵或是處罰，都要在五秒鐘之內執行，不然牠就弄不懂因果關係，例如說，你叫狗狗來，而狗狗也乖乖過來了，你要獎勵牠，於是走到冰箱拿點心出來給牠吃，這樣的流程對狗狗來說，其實並沒有獎勵到牠聽從「過來」的指

令，牠學到的是：打開冰箱門有東西吃！所以主人應該先準備好小點心，再發出命令，這樣才能**及時**給小狗獎勵，讓牠學得越來越好。回到上面的情境來看，主人回家後發現滿地大小便，於是對小狗加以處罰，但是這個時間點跟小狗大小便的時間點不知道已經隔了多久了，因此是無效的處罰，不管你講得再久打得再兇都沒用，小狗就是不知道，當然就學不會，有的主人會說：「牠明明就知道錯了，一臉害怕的樣子，還知道要躲起來，一定是故意的，明知故犯。」但真的是這樣嗎？牠真的是故意要惹你生氣嗎？事實是，小狗能學會短時間的連結，因此當牠經歷過：主人回家、臉色一沉、接著就會挨打挨罵，

下次主人回家臉色不對，牠就預期到會挨揍了，當然會一臉害怕趕快找地方躲，但是牠絕對不可能把你的脾氣跟半小時前牠的排泄行為連結在一起，所以會發生這樣的狀況，並不是牠不受教，而是主人根本沒讓小狗知道，主人要教的是什麼；

二、方式錯誤：有的主人處罰狗狗的方式，對狗來說，並不是處罰，有些主人的一邊斥罵一邊追打，對小狗來說，簡直像是遊戲一樣，跟著一邊跑一邊叫，主人越罵，狗狗越開心，完全呈現雞同鴨講的局面，狗狗不能了解主人的用意，當然不可能學得會。

Column

如何處罰狗狗？

　　不可否認，處罰對於中止壞行為有效，但是無論如何，不建議使用體罰，事實上，對於狗狗這種很重視群體關係的生物來說，用『忽略』法就夠讓牠難受了，此外，主人用低沉的聲音嚴厲地說：「不行！」也能達到遏止的效果。如果以上兩種方式無效，就要請教醫師或是行為諮商師。不管用哪一種方式處罰，請記得，當牠壞的時候被處罰，但是只要狗狗一停止壞行為就是乖，就要獎勵，因此教導狗狗要翻臉像翻書一樣快，所有的處罰都要配合有獎勵引導正確的行為，這樣狗狗才能明白你希望牠怎麼做以及不希望牠做哪些事，千萬不要長篇大論碎碎念半天，狗狗肯定聽不懂，只會滿頭霧水搞不清楚狀況，主人必須要很快速明確地獎勵與處罰，才是良好的教導。

77

為什麼狗狗會噴氣？

通常主人平常很少看到狗狗用鼻孔噴氣的動作，反而是醫師在醫院裡常常看到，這是因為，這動作是狗狗在表達不爽、不屑、小不滿，像是在說：「注意一點！我可沒覺得你有什麼了不起，我警告你，別再靠過來。」所以囉，如果獸醫師跟狗狗的信任基礎不太夠，就會接到狗狗的這個警告啦！

chapter 5
防禦本能

78

為什麼狗狗會打架？

狗狗本身有一套遊戲規則，經由這些儀式規矩，狗狗可以解決社會位階、領域、所有權等等的紛爭。狗狗打架通常都是依照這套規則在進行，當狗狗亮出牙齒，並且發出吼叫聲（先是低沉的警告聲，接著是一種洪亮而持續的吼叫聲）時，就表示接著要上演一場常規的爭鬥。一般而言，如果狗狗是獨自來解決這場紛爭，那麼看來可怕的衝突其實會很快的和平落幕，結局通常是其中某隻狗評估之後選擇撤退。除了偶而咬到耳朵或頸背部出現小傷口之外，很少會發生嚴重流血事件。不過當然，如果你養的是小型犬，又碰上大型犬的時候，還是不要讓牠們正面起衝突為妙。

Column

狗狗打架的時候要怎麼辦？

　　當狗狗打架時，千萬別試圖直接用手把牠們分開，這樣只會增加你受傷的可能性；也不要在旁邊叫喊，不管你喊的是加油、是救命，還是斥罵，都只會讓狗狗以為你要加入戰局而更加激動。

　　要制止狗狗間的戰爭比較理想的方式是：一、重重地摔一樣隨手拿得到的金屬物，要能發出巨大的聲音，轉移狗狗的注意力，讓打鬥暫停，狗狗就有機會冷靜下來；二、拿一桶水潑過去，或是用水管噴灑水在狗狗身上，一樣可以達到轉移注意停止打鬥的效果；三、拿一件外套或是一條小被子罩在其中一隻狗身上，最好是攻擊方。不過千萬不要把兩隻狗同時罩在一起！這樣最多只是損失衣物，但是一定可以成功的制止這場狗戰。

79

為什麼我摸狗狗的鼻子會被咬？

成犬要教訓幼犬時，有一種表示強勢支配的動作，是咬住小狗的吻部，因此當人用手握住狗狗的鼻吻時，雖然手上沒有牙齒，還是相當於用手「咬」住來表示主導地位。

事實上，這個動作是具有懲罰意味的，所以可以用在小狗挑釁主人地位的時候，若是小狗表現良好，就請不要隨便濫用，不然會造成小狗不必要的心理陰影導致退縮行為；而不同脾氣個性的小狗被支配時，會有不同的反應，膽小害怕的會沮喪地哭號、個性溫和的小狗會冷靜地接受、而主動積極的小狗會閃躲抗拒、叛逆性格的就會張口咬下去。

對成犬來說，人的手比例上不大（相對於幼犬的時候），又沒有牙齒，牠通常不會看在眼裡，若是你們之間位階不明，又缺乏信任關係，貿然對狗狗做出這麼嚴重挑釁的動作，當然可能被咬啦！

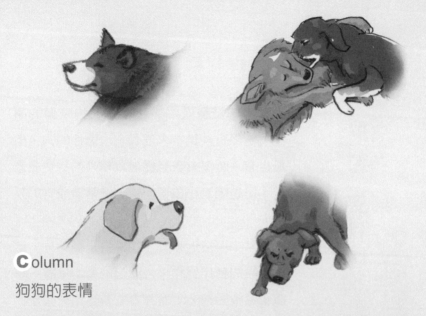

Column

狗狗的表情

　　放鬆：狗狗嘴巴微微張開，也許會看到一點點舌頭，也可能看不到，這是狗狗放鬆的信號，相當於人類的微笑，表示輕鬆愉快，一切都很好。

　　高興：通常嘴巴會半開，舌頭輕輕地放在下排的牙齒上，伸出一半蓋住下嘴唇，很明顯地表現出笑容，有時候還會有一點點傻樣，這表示狗狗很開心很高興。

　　警戒：當狗狗閉上嘴巴，耳朵跟頭部稍微往前，注視著某個方向，這表示狗狗在注意某個牠感到有興趣的事物；而狗狗如果嘬起嘴唇露出牙齒牙齦，就表示警告訊號，而且牙齒和牙齦露得越多，警戒等級就越高。

　　攻擊：當狗狗嘴巴半開，嘬起嘴唇，露出全部的牙齒以及上排的牙齦，鼻子上方有明顯的皺褶，這是攻擊之前的最後通牒，用來告訴對方：「快閃，不然你就死定了。」但是如果你遇到狗狗對你發出這樣的攻擊訊號，千萬不要拔腿就跑，即使是世界短跑冠軍也不可能跑贏。要從這個狀況安全離開的方法是：動作放慢，越慢越沒有威脅，為了要表示你沒有敵意，可以將眼神慢慢轉開，打個哈欠，身體放輕鬆，讓自己看起來小一點，再慢慢地一步步退開。

80

為什麼狗會咬小孩？

　　每年總是會發生幾起小孩被狗咬傷的事件，當然有些是本來就具有攻擊性的狗，但是也有平時很友善且從無攻擊性的狗造成意外，這是因為小孩子的舉止常常造成狗的誤會。

　　正常小孩接近狗時，往往會直視狗狗，這種對視的動作對狗來說就是威脅；接著，小孩子還會對狗笑，而狗會認為露出牙齒是代表要攻擊的信號；

然後，小孩子會舉起雙手向狗狗走去，這下對狗來說，是這傢伙抬頭挺胸雄壯威武殺氣騰騰地逼近；而小孩子往往還會鬆開手指把手伸出去，這在狗狗看來，簡直就是一張露出嚇人長牙的大嘴巴，正筆直地對準牠！（你可以從側面看

 表示此題解答在動物行為領域尚未有定論，或僅為作者的個人意見

看自己的手，真的很像！）最後致命的一擊，是小孩子在做出這些威脅信號之後，還直直衝向狗狗，表現出一副熱情的模樣，但對許多狗狗來說，這實在超過牠們能忍耐的極限，攻擊

行動已經展開，不是逃走就只好反擊；而就算是品行超優，能忍耐這一切的狗狗，也不一定受得了小孩子靠近之後，對牠又拉又扯、或丟石頭、或戳棍子的各式「愛撫」，一樣不是逃開就是反咬小孩以示教訓。

因此，有必要教導小孩子正確接近狗狗的方法，而不論如何，都不該讓狗狗跟小孩單獨相處！

Column

養狗的好處

現代化社會人與人互動機會減少，飼養狗狗可以滿足許多需求，包括：

健康上：降低血壓和血中三酸甘油脂、看病次數減少、紓解壓力、增加運動機會等等。

心靈上：提供歡樂、慰藉、增加社交的機會、培養小孩的愛心、責任心與尊重生命的態度等等。

81

為什麼第一次見面的時候大狗會咬小狗的頭？

　　成犬的地位一定是比幼犬高的，因此牠們第一次見面的時候，成犬會檢查一下小傢伙懂不懂規矩，用狗狗特有的方法來確認位階：一開始大狗會去嗅聞幼犬、用前爪拍拍牠、甚至用嘴巴含住小狗的頭頸，這時候小狗會蹲低身體、翻出肚皮、或是發出哼哼嗯嗯的聲音來表示服從，這是牠們打招呼的儀式，一旦清楚確認彼此的地位之後，就不會有爭執。

　　雖然有時候這樣的招呼方式會讓主人覺得

很粗暴，但是請不要擔心，正常的大狗會拿捏分寸適可而止，不會傷害到小狗；有些主人看到這種場面會被嚇到，為了想保護小狗而把小狗狗抱起來，這完全是造成誤會的不必要行為，小狗被抱到比大狗高的位置，會讓大狗感到受威脅，非得教訓一下小子，讓牠認識清楚誰是老大才行，這樣小狗就得接受更強烈的震撼教育，反而會導致小狗心生恐懼；若是主人始終過度保護小狗，無法讓牠們完成該有的儀式，日後更會有層出不窮的糾紛讓主人疲於奔命。

Column

怎麼樣安排幼犬跟家中原有的成犬認識？

剛帶幼犬回家的第一周，先單獨隔離小狗，千萬不要幫牠洗澡、帶出去玩、或是叫親朋好友來看牠，讓小狗狗安靜地吃喝、睡覺，把換環境的緊迫減到最低，同時觀察有無潛伏的傳染病。

第一個禮拜順利過完之後，就可以準備引見，第一次見面最好安排在中立地帶（非大狗地盤，最好是戶外），讓雙方隔一段距離自然的接近，牠們會慢慢地互相靠近，互相聞聞，完成確認位階的儀式之後，自然就能一起玩耍了。成犬通常很容易接納未成年的幼犬，不過身為主人，也要照顧一下成犬的心情，不要因為新小狗很可愛就冷落了原先受寵的狗狗，準備一些成犬喜愛的小零食，在雙方第一次見面的時候獎勵安撫成犬，能讓成犬更喜歡小狗。

82

為什麼摸小狗的頭卻被他咬？

這是個很常見的誤會悲劇，人會因為喜歡疼愛的心情而想要摸摸小狗拍拍牠的頭，但這對小狗來說卻是非常具威脅性的動作，個性柔順的小狗會閃躲或是忍耐，性格比較強悍或是極度膽小恐懼的小狗可能就會反頭一口咬下去。

要跟小狗接近表示親善，比較妥當的方式是：先徵詢主人的同意，然後伸手給狗狗聞一聞，讓小狗狗認識你，說說話釋放友善的訊息，當小狗放鬆下來之後，伸出去的手就可以順勢去搔搔下巴跟耳朵下方，這樣小狗比較能享受你的撫摸，你也不會好心反被咬囉。但如果小狗的表情還是很緊張很警戒，那就別勉強牠，慢慢來，花點時間培養感情再說。

83

為什麼狗狗聽到鞭炮聲就會躲起來發抖？

　　小狗狗第一次接觸新事物的經驗，會影響日後對同類事物的接觸反應，如果說一開始的感覺很愉快，那麼牠就會喜歡這個經驗，並且在下一次遇到的時候，採用正向積極的態度去面對；相反的，如果是受到驚嚇，甚至感到恐懼，之後面臨同樣的刺激，就會越來越害怕。所以突然出現又是聲勢驚人的鞭炮聲，很容易嚇到小狗，造成小小心靈的陰影，之後一狗輩子都會很怕鞭炮聲。

Column

怎麼幫狗狗克服對鞭炮聲的恐懼？

　　想要改善這種狀況，可以幫狗狗進行減敏訓練，先弄到鞭炮聲的錄音帶，自己錄或是買音效帶都可以，然後在家裡練習，先在離狗狗有一段距離的地方開小小聲地播放一兩秒鐘，當狗狗有注意到的時候就跟牠說沒事，稍微安撫一下就好，不用很激動的抱住牠，也可以給狗狗吃一點點好吃的小點心，確定牠能接受之後，然後慢慢地增加音量，拉長時間，縮短距離，讓狗狗覺得，原來鞭炮聲沒那麼恐怖，這樣就可以幫助狗狗接受鞭炮聲。

　　其他很害怕雷聲或是吹風機的狗狗也可以比照辦理，原則就是：距離從遠而近，時間由短到長，聲音從小到大。這個訓練可以幫助狗狗接受任何恐懼或是不喜歡的事，很好用喔！

84

為什麼有陌生人到家裡狗狗就會叫個不停？

　　狗狗天生會有保衛領域以及群體成員的行為，會用吠叫聲來趕走進入領域的其他生物，這在當初對人類是很有幫助的天性，可以幫忙捍衛家園保護主人，如果你養狗狗是希望牠能顧家，會叫的狗就很有用；但是在現代社會中，對於來到家中的客人勇敢地叫

個不停甚至撲上去咬的狗，可能就會讓主人頗為困擾。而一般人為了對主人的狗狗表示友善，會走到狗狗前面，彎下腰來撫摸狗狗的頭，但是對狗狗來說，這卻是很威脅的表現，反而會讓牠叫得更兇更厲害，直到客人離開為止。

Column
要怎麼改善對陌生訪客吠叫的狀況？

當狗狗在年幼的時期，盡量讓牠多接觸不同的人，幼年時期沒有接觸陌生人經驗的狗狗，長大後會特別害怕陌生人。

介紹狗狗認識新朋友時，請訪客拿著好吃的小零食或是狗狗喜歡的玩具，坐下或是蹲低，不要直視狗狗的眼睛，也不要靠過去摸狗狗的頭，這樣對狗狗比較沒有脅迫性，讓狗狗放鬆之後，主動向客人靠近，這時候客人可以給狗狗吃一點小零食，而主人也可以獎勵狗狗的良好表現，多幾次這種愉快的經驗，狗狗就會喜歡認識新朋友，也不會對來家裡拜訪的朋友做出失禮的表現了。

85

為什麼一靠近，狗狗就會翻肚子？

這是一隻狗狗在表示服從。

腹部沒有肋骨保護，裡面又有很多重要器官，因此算是打鬥時候的罩門所在，而小狗面對主人或是大狗（總之是牠認為地位比牠高的同伴）的時候，露出肚皮要害，就是表示絕對服從，沒有任何一點點挑戰的念頭。

這時候主人要注意狗狗的其他肢體語言，如果主人跟狗狗之間的信任關係良好，狗狗的身體及面部表情是很放鬆的，那就表示狗狗很樂意讓你摸摸牠的肚皮，你們可以享受一下搔搔癢的快樂時光；但是如果人狗之間關係不明或是惡劣對立時，狗狗會身體僵硬、臉部緊張、甚至會略略撩牙表達出屈服、害怕、兼具恐嚇的表情時，那就別再向狗狗靠近了，不然狗狗會因為極度的恐懼害怕而引發出自衛性攻擊，牠會想說：「我已經表示我很怕你了，還要怎樣？你要逼我到什麼程度？還不放過我嗎？真的要殺了我？不行，我得想辦法自保。」那麼接下來人被狗咬該怪誰？

86

為什麼狗狗會追車子？

狗狗大約在六七個月齡開始，會發展出領域觀念，而且會分內外（是不是自己人），一旦有牠認定的外人侵入牠認定的領域，狗狗就會用吠叫、追趕等等方式把侵入者驅逐出境。

對狗狗來說，車子是體積龐大而且會發出怪聲的大野獸，一旦逼近家門，就非把這怪獸趕走不可。而事實上，車子本來就會接近之後離開，但是狗狗不會了解車子只是經過而已，牠會覺得是牠把來犯的車子趕走了，幾次下來狗狗信心滿滿，每次看到車子經過就會又叫又追，造成交通危險。

87

為什麼狗狗吃飯的時候不准其他人或動物靠近？

有的狗狗警戒心比較重，當牠吃飯時有別人靠近，就以為對方是要來搶牠的食物，因此會發出警告性的低吼聲，甚至會攻擊對方。這是沿自狼群及狗群的團體生活中的模式：群體生活的狼群和狗群，會大家一起來狩獵食物，但是打到獵物之後，並不是大家一起吃，而是團體中的領導者先吃，老大吃飽了換老二，老二吃飽了才輪得到老三，最瘦弱的老么可能什麼都吃不到。

這樣看起來雖然很殘忍，但卻是確保族群能存續的方式：與其大家分著吃，卻大家都

吃不飽一起餓死，不如讓強者及牠的後代存活下去；因此當老大在進食的時候，如果有個餓昏頭的傢伙不知規矩要去分一口，就會被老大低吼警告，如果還不知死活繼續要吃，就會被老大咬，教導這小子群體的規矩。

　　家裡的狗狗若是有這樣的行為，這表示狗狗的主從位階不對，牠覺得牠是這家中的老大，所以大家都不能碰牠的東西；這樣其實很糟糕，會有家人因為無意中經過而被攻擊，而且如果狗狗正在吃有毒的東西，主人也無法及時阻止；因此，最好從狗狗小時候，就開始練習，吃飯的時候把碗拿開一秒鐘再還牠，讓牠知道食物被拿開是沒有關係的，等一下還是會有，不需要奮力保衛，請注意，千萬不要故意鬧牠，假裝搶走不還牠，一開始一定要立刻就把食物還給狗狗，這樣牠才會相信你；慢慢把時間拉長，從一秒鐘變兩秒鐘、五秒鐘，鼓勵牠乖乖原地等候，撫摸牠稱讚牠，甚至可以給一點點超好吃的小點心，這樣狗狗長大後，就不會介意吃飯的時候被撫摸，也不會介意食物被拿開。

chapter 6
健康訊息

88

為什麼狗狗會躺在地上磨來磨去？

狗狗會背躺在地，用肩膀磨蹭地面，而且可能會出現前奏：先用臉或者是胸部摩擦地面；然後就翻過身去挨蹭地球表面，偶爾還會同時用前肢順著眼睛到鼻子的方向擦臉，同時一副滿足的神情，沒錯，這種動作正是狗狗滿足的表現，通常出現在快樂的事情發生之後，例如說，當你帶你們家關了一陣子的狗狗，到廣闊的草地上讓牠盡情跑個痛快之後，狗狗就可能會做出這種翻身摩擦的動作，來表達牠的滿足與快樂。

有時候，當狗狗預期會有好事發生的時候，像是主人正在為牠準備食物，狗狗知道等一下可以飽餐一頓，也可能會提前作出這種傳遞快樂訊息的動作。

89

為什麼有時候狗狗的腳腳會濕濕的？

　　狗狗身上唯一會流汗的地方，就是在四隻腳掌，當狗狗體溫升高（不管是因為環境熱還是運動後）、或是心情緊張的時候，腳腳就會濕濕的，有時候還會明顯到在地板上或是醫院的診療台上留下濕潤的腳印。這種現象一定會同時出現喘氣的動作，好讓散熱的效率更高一些。

90

為什麼狗狗會抓癢？

　　狗狗跟人一樣，身上有癢、刺痛、或其他怪怪的感覺的時候，就會抓抓癢，偶而搔搔癢沒問題，就像我們偶而也會搔搔頭一樣，但是如果抓癢抓個不停的時候，就要請醫師檢查看看，是不是有跳蚤等外寄生蟲，還是皮膚有過敏或是黴菌感染等問題。

91

為什麼狗狗會口臭？

狗狗因為牙齒的形狀排列，跟唾液酸鹼性的關係，雖然不刷牙，卻也不容易蛀牙，但是卻很容易殘留食物，有點腐敗的食物加上細菌發酵的味道，就形成了狗狗的口臭來源。

如果一直沒處理，慢慢地就會變成牙結石，造成牙齦發炎、牙齦萎縮、牙齒脫落，甚至因為牙周病的細菌隨血液循環到全身，引發心內膜炎或是腎炎，縮短了狗狗的壽命。

另外一種口臭，是阿摩尼亞的味道，這是因為腎臟功能不良造成的氮血症，也就是俗稱的尿毒，如果狗狗出現這種口臭，同時又有喝多尿多的症狀，請趕快帶牠去看獸醫，以免耽誤病情。

要怎麼幫狗養成刷牙的好習慣？

　　小狗七個月換完乳牙之後，那一口恆久齒就要用一狗輩子，不會再有第三套新牙了，因此，幫狗狗保持口腔衛生是很重要的。吃乾糧、玩棉繩玩具、啃潔牙零食等等，對於減少牙結石與牙菌斑都有某些程度的幫助，但是效果最好的方法，還是刷牙。

　　狗狗刷牙有幾件要注意的事項：一、安排在吃飽喝足後，刷完就睡覺，以免短時間內又再進食會壞了刷牙的效果；二、不能給狗狗用人用的牙膏，就算是水果口味的兒童牙膏也不行，人的牙膏含有氟化物以及起泡劑，而不可能學會漱口的狗狗吃下去，肯定不是嘔吐就是拉肚子，真的想省錢，可以用紗布纏在手指頭上幫狗狗刷；三、刷牙的

方向要上下刷（往返上顎到下顎的方向），而不要前後刷，不然會鋸傷牙齦；四、幫狗狗刷牙要把情境安排得的很愉快，愉快的事情才能長久，不然，狗狗每天看到你拿牙刷出來就跑給你追，這樣我想再有耐心的主人也很難堅持給牠刷上一個月吧！

　　一開始，跟狗狗說刷牙，然後拿狗狗的牙膏給牠吃一小口就好；狗狗的牙膏是用酵素分解的形式所以可以吃，而且通常都會做得讓狗狗很愛吃，狗狗吃到好吃的東西就會很高興，幾天下來，牠就會很期待每天晚上睡覺前的刷牙時間；接下來大概過了一個禮拜，給狗狗吃牙膏的時候，假裝不小心，手指頭就在牠牙上滑一下，狗狗因為之前吃得很開心，所以就不會介意這樣小小地滑一下，當然，結束前還是要給牠快樂地吃一小口，有個Happy ending，繼續期待明晚的刷牙時間；再來，就這樣得寸進尺，慢慢地從門牙推進到犬齒、前臼齒、大臼齒等等；等到狗狗已經很習慣手指頭在牠嘴巴裡牙齒上滑來滑去，就可以拿出大小適當的牙刷，把牙膏塗在上面給狗狗吃；再等狗狗習慣牙刷的存在之後，慢慢地再開始刷門牙、刷犬齒、最後狗狗就可以讓你幫牠全口刷牙了。

92

為什麼狗狗到醫院就害怕？

有的狗狗會在離醫院五公尺以外就開始緊張，不願意繼續前進；但是也有狗狗會愉快地自己跑進醫院，熱情地跟醫師搖尾巴；同樣都是狗，為什麼會差這麼多呢？

如果一隻狗狗第一次上醫院，就是在牠生病的時候，那麼牠對醫院的觀感一定會是：「那地方好恐怖，我已經很不舒服了，還有可怕的陌生人一直對我搞東搞西，弄得我更痛更難過。」

　　狗狗只會記得打針的疼痛，可沒辦法知道之後身體變得舒服了是因為打針吃藥的關係。

　　相反地，如果狗狗在還小的時候，就到醫院認識醫師，醫師有機會跟牠玩耍、請牠吃點好吃的小點心，讓一些基本的醫療動作都在愉快的氣氛下進行，那麼狗狗就不會認定醫院是刑場，反而會喜歡上醫院跟醫師打招呼。日後需要醫師檢查的時候，也不會嚇得又躲又尿，需要強制保定才能看病。

　　同樣地，在平常就可以幫狗狗練習吃藥，用糖漿模擬藥水，用羊乳片假裝顆粒藥丸，練習餵藥的技巧，狗狗吃得愉快，自然而然就能接受主人對牠餵藥的動作，等真正需要吃藥時，就不需要人狗大戰半天還餵不到藥囉。

93

為什麼有的狗狗頭上要戴一個大喇叭？

那個喇叭的正式名稱叫做『伊麗莎白項圈』，因為是從中世紀歐洲貴族的頸飾改變而來的，所以稱為伊麗莎白項圈。

伊麗莎白項圈通常用在受傷或是手術過後的狗狗身上，功能是可以防止狗狗抓咬身上的傷口，當狗狗傷口癒合的時候，跟人一樣也會發癢，但是狗狗不可能忍得住不去舔，因此有必要隔開傷口跟嘴巴，以免口腔的常在菌造成二次感染。

而眼睛的角膜潰瘍，戴上伊麗莎白項圈也也可以防止狗狗再度抓傷自己的眼睛。

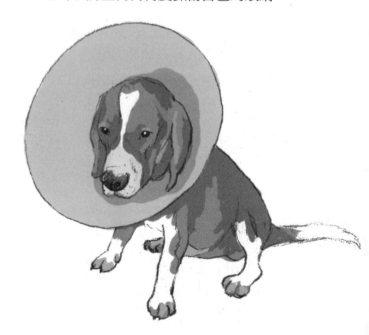

94

為什麼狗狗會流淚？

　　眼淚有提供養分、殺菌、沖洗等保護眼睛的作用。狗狗通常是因為眼睛發炎、或是有灰塵等異物刺激，才會大量地分泌淚液，像西施、瑪爾濟斯、約克夏這些毛長眼睛大的狗狗，很容易被鼻側眼角的毛端刺激眼睛，一開始只是流淚，久了就會結膜角膜發炎、眼角皮膚太潮濕而皮膚病、長期下來甚至會變成乾眼症，嚴重還會失明，因此日常的保養整理要特別注意。

　　只有很少數的狗狗，會因為情緒變化而流淚，曾經有一隻在日本出生的狗狗，長大後到了台灣生活，每次聽到電視播出日本歌曲，就會掉眼淚！不過這是很罕見的案例，通常狗狗是不會像人類一樣，因為哀傷而掉淚的，倒是緊張痛苦的時候，有可能擠出一兩滴眼淚。

95

為什麼狗狗會眨眼睛?

有眼睛的動物都會眨眼睛,就算因為眨眼睛會造成視覺暫停,中斷訊息的傳輸,眨眼睛還是必要的動作,狗狗靠眨眼將淚液均勻塗布整個眼球,這樣才能保持眼睛的清潔和濕潤,並且將氧氣和養分帶到沒有血管分布的眼角膜細胞。

有些犬種例如西施及巴哥,因為眼睛又大又圓,在眨眼的時候上下眼皮可能無法完全閉合,會讓正中央的眼角膜得不到養分及滋潤,容易發生病變,也是要特別注意的,必要時要靠主人幫牠使用人工淚液或是淚膜等產品,保持眼睛健康。

眨眼睛除了生理上的功能之外,還有溝通上的意義,我們知道,對狗狗來說,瞪大眼睛凝視對方是示威的表現,而眨眼睛則打破凝視的狀態,因此表達了服從退讓,但是眨眼的動作又沒有移開眼光那樣的完全服從,所以狗狗眨眼的意思是說:「我覺得我們不分上下啦,不過我願意讓一讓,表示友善。」

96

為什麼狗狗會掉毛？

狗狗的毛量毛質會隨著四季變化而換季，冬天需要比較濃密能保暖，夏天則是毛量少些比較清爽，因此春秋兩季掉毛的量就會比較多，不過在台灣，因為四季變化不明顯，光週期的變化不大，所以換毛的時間會拉得比較長，甚至會讓主人覺得，一年到頭都在掉毛，其實狗狗的毛髮跟人的頭髮一樣，有新陳代謝，每天長一些新毛，掉一些舊毛，只要皮膚沒有問題，掉毛不會導致某些區域禿毛，那都算是正常的。

如果能每天幫狗狗梳理毛髮，把要換下來的毛先梳掉，就不會伸手一摸就掉一把毛，也不會滿屋子飛毛整理到抓狂了。

97

為什麼狗狗坐車會吐？

狗狗跟人一樣，也是靠前庭、三半規管等結構來平衡身體，坐車時暈車不適，也就會嘔吐。

如果不希望狗狗吐滿車，搞得很難收拾，又破壞的出遊的興致，可以從以下幾方面分別著手進行：

一、從小第一次坐車時，剛開始不要太久，甚至可以帶牠在靜止的車上坐一坐就好，幾次之後，開始練習打開引擎，慢慢行進一小段距離，然後再漸漸把時間拉長，運用減敏的技巧，讓狗狗越來越習慣；

二、不管是騎車還是開車，盡量平穩舒適，平穩的移動比較不會劇烈刺激狗狗的平衡中樞，狗狗就比較不會想吐，別想帶著狗狗飆車，那樣他很難不吐；

三、要長途旅行時，出發前三四個小時就先讓狗狗空腹，暫時停止吃東西喝水，這樣真的暈車時，比較沒有東西可以吐；

四、每一到兩小時左右，停車休息一下，讓狗狗下車走一走，牠會比較舒服。

98

為什麼狗狗會回頭咬後背？

　　狗狗會回頭咬後背接近尾巴的那塊區域，是因為癢，癢又沒有雙手可以抓，所以不是靠嘴巴咬，就是靠磨蹭家具來止癢。

　　而最常見的，就是狗狗身上有跳蚤，尤其是會對跳蚤過敏的狗狗，只要被跳蚤咬一口，就會癢得不得了。為了止癢，甚至會咬得自己背上皮膚爛一大片。所以如果看到狗狗回頭咬，請主人自己檢查一下，或是帶去請獸醫師看看，是不是有皮膚的問題需要處理，還是該幫狗狗除跳蚤囉。

99

為什麼狗狗的舌頭會變得很蒼白？

狗狗平時正常的時候，舌頭跟嘴巴黏膜的顏色是粉紅色的，這表示狗狗的身體狀況，在血液供應方面狀況良好；相反的，當狗狗的舌頭變蒼白的時候，就表示血液供應出問題了，有可能是貧血，紅血球數目不夠，另一個可能是循環不良，無法把血液送到全身各處。

有些品種例如鬆獅、德國狼犬、台灣土狗等，天生舌頭有帶紫斑，那是正常的，除非有變化，不然不必太擔心。

因此當看到狗狗的舌頭變白，不管是慢慢地變白還是突然地變白，請一定要趕快帶狗狗上醫院檢查，這可是攸關性命的大問題，嚴重時說不定還要輸血！

怎麼樣才能當捐血狗？

　　台灣目前還沒有狗狗的血庫，當緊急需要用血時，都是靠別隻狗狗捐血救命，而捐血狗也不是隨隨便便就能當得成的，必須要符合以下幾個條件：

　　1.體型要夠大，而且是壯不是胖：至少要20kg以上，越大型越能捐得多，因為醫生也不希望因為傷害到捐血狗的身體健康，每公斤體重能捐的血有一定標準，絕不會抽乾一隻狗救另一隻狗。所以要大型狗才能捐血，不然血量太少也無濟於事。

　　2.身體要健康：捐血狗必須是照顧良好且身體健康的狗狗，不能有潛伏的血液寄生蟲例如心絲蟲、焦蟲等等，免得好心捐個血，卻把疾病傳過去，這樣受血狗可就倒楣了。

　　3.年齡：狗狗必須已經一歲以上，最好不要超過五歲，正是身強體壯的青壯年時期，這樣捐點血可以是促進新陳代謝，益己助人。

100

狗狗的牙是很牢固的，要掉下來只會是因為：1.換乳牙、2.受外力傷害、3.嚴重牙周病。

狗狗在出生後五到八周大時，會長出第一口牙，稱為乳牙，等到四個月大開始，會換掉乳牙長出恆久齒，這個階段的主人有時候會發現，小寶貝怎麼玩玩具咬著咬著就滿口血，這不必太擔心，翻開嘴皮看看，確定是在換牙就沒事了，這種掉乳牙的小出血一會兒自己會止住。正常狀況下在狗狗七個月大時乳牙全部換完，之後就不會再換牙了。

當狗狗的牙齒受到外力傷害，像是打架、咬到太硬的骨頭等等，超過牙齒能承受的極

限時，牙齒就會斷裂掉下來，這時候掉的牙通常是不完整的部分牙齒，牙根多半還會留在牙齦裡。

當狗狗年紀慢慢增加，如果沒有做好口腔牙齒保健，牙菌斑、牙齦炎、牙周病、牙結石等就會一一找上狗狗，而牙齦傷害超過某個限度，牙齒就會開始鬆動，齒牙動搖一段時間之後，掉下來是遲早的事情。

目前狗狗在台灣還沒有辦法裝假牙或是植牙，狗狗也不太可能會自己刷牙漱口，所以請主人要好好幫狗狗注意口腔衛生，有健康的牙齒，才能快樂的吃，才能陪主人更久一些。

要為狗狗養成刷牙的好習慣，請參考146頁「要怎樣幫狗養成刷牙的好習慣？」。

100個不可不知的狗問題

作　　者：林長青

內頁繪圖：羅挺卓

主　　編：羅煥耿

責任編輯：王佩賢

編　　輯：陳弘毅、李欣芳

美術編輯：王筑平

發 行 人：簡玉芬

出 版 者：世茂出版有限公司

地　　址：(231)新北市新店區民生路19號五樓

電　　話：(02)2218-3277

傳　　真：(02)2218-3239<訂書專線>・(02)2218-7539

劃撥帳號：19911841

戶　　名：世茂出版有限公司

單次郵購總金額未滿500元（含），請加50元掛號費

酷 書 網：www.coolbooks.com.tw

印 刷 廠：長紅彩色印製企業有限公司

初版一刷：2005年10月

　十一刷：2012年4月

定價 200元

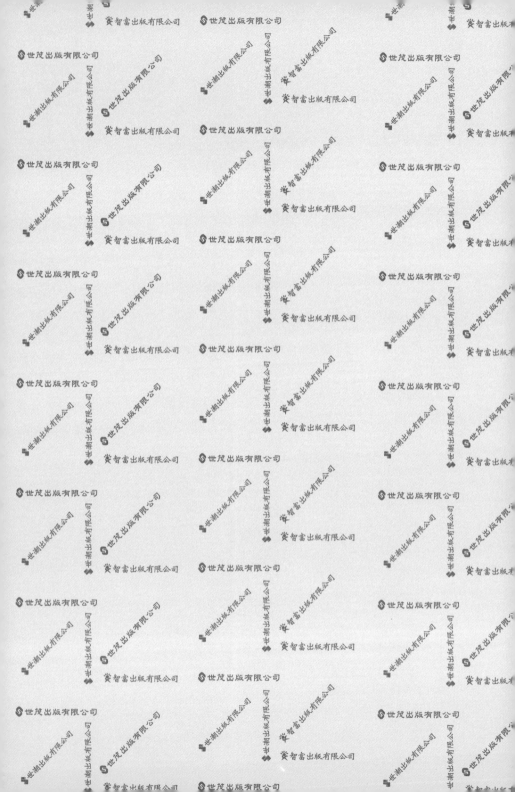